面对现实，认识自我，学会改变，成就自我。

当工作无法改变时 学会改变自己

高文斐　王明哲◎著

我们无法改变这个世界，但是可以改变自己，

改变自己的内心，改变自己的观念，世界会因为我们改变而不一样。

在坎坷和挫折面前，暂时地转个弯、低下头，等到雨过天晴，

在未来的舞台上，我们一样可以胸怀万丈豪情，心装万里鹏程。

中国言实出版社

图书在版编目(CIP)数据

当工作无法改变时 学会改变自己/高文斐，王明哲著.
— 北京:中国言实出版社，2013.4
ISBN 978-7-5171-0100-0

Ⅰ.①当… Ⅱ.①高…②王… Ⅲ.①成功心理—通俗读物
Ⅳ.①B848.4—49

中国版本图书馆 CIP 数据核字(2013)第 062512 号

责任编辑:李 生 孙法平

出版发行 中国言实出版社
地 址:北京市朝阳区北苑路 180 号加利大厦 5 号楼 105 室
邮 编:100101
电 话:64966714(发行部) 51147960(邮 购)
64924853(总编室) 56423695(编辑部)
网 址:www.zgyscbs.cn
E-mail:zgyscbs@263.net

经 销 新华书店
印 刷 北京市德美印刷厂
版 次 2013 年 4 月第 1 版 2013 年 4 月第 1 次印刷
规 格 710 毫米×1000 毫米 1/16 14 印张
字 数 205 千字
定 价 32.00 元 ISBN 978-7-5171-0100-0

前言

身处于职场江湖，我们最大的敌人是谁？当然是我们自己。

在很多时候，我们常常以为最大的威胁来自对手，来自敌人，但其实我们最大的敌人就是我们自己。我们会被消极的心态打败，让消极的心态驾驭我们的人生；我们会被僵硬的思维打败，让僵硬的思维阻碍我们的发展；我们会被怯懦的意志打败，一点儿坎坷，一丛荆棘就让我们畏缩退却；我们还会被烦躁的情绪打败，些许小事，就可以让我们整日沉沦。

我们会被“无能”打败，没有能力让我们失去了一切主动权；我们会被“不足”打败，不足之处会让我们痛失良机；我们会被“陋习”打败，不良习惯拖住了我们前进的脚步；我们还会被信心打败，缺少了信心，我们只能无奈地与成功失之交臂。如果说生活是一面镜子，那么我们需要好好端详镜中的自己：有这些缺陷吗？肯定会有！或许不是全部，但一定会有！所以人生中重要的一课，就是我们要学会如何战胜自己。

方法很简单：改变自己。

职场是一个竞争异常激烈的江湖，我们要想在这个江湖中生存下去，就必须要学会战胜敌人和对手。当然了，既然最大的敌人是自己，我们就必须先学会战胜自己。也就是说，我们要学会改变自己来战胜心中的“敌人”。战胜自己，将短处转换成长处，就是一场非常“残酷”的角力，因为在很多时候，想要战胜自己，改变自己，并不是一件简单的事。

心态是我们真正的主人，积极的心态可以让我们乐观豁达，消极的心态则会让我们消沉懈怠。正因为如此，所以我们想要改变自己，就一定要从端正心态开始。但是，端正心态谈何容易！倘若我们已经被消极的心态占据了内心世界，那就等于正在生着一场非同小可的大病，想要根除，必须静心忍性，慢慢调整自己的心态。虽然有些困难，但只要努力，我们就可以做到！

心和脑往往是同步的，我们在调整自己心态的同时，也要学会让自己的脑筋清醒起来。我们要改变旧的思维，拆卸旧墙走上新路。社会在发展，职场也在发展，在很多时候，旧的思维模式是无法适应职场需要的，只有创新改变，才能让我们的前进的道路宽阔起来。所以改变思维，是我们迫切需要的改变。

古罗马喜剧作家普劳图斯说："万事皆由人的意志创造。"我们在改变心态，改变思维的时候，如果感觉到了困难，那就要好好思考一下了：我们的意志坚定吗？显然不够坚定。很明显，如果意志够坚定了，我们改变起来就不会有太大的困难。所以，在我们慢慢进行改变的时候，千万别忘记强化自己的意志。坚强的意志是我们改变的基础。

我们需要调整情绪，坚持学习，这也是改变。不过，这种改变看起来似乎要简单得多。为什么这么说呢？因为情绪是一个孩子，而学习则是一种习惯。只要我们会"哄"自己，就可以让自己每天都快乐起来，并且不把坏情绪带到工作中去；只要我们稍稍坚持一下，延续学习的习惯，就可以使自己变得更加强大。

我们还需要反省不足。或许我们无法做到"一日三省"，但我们必须要知道，只有经常自我反省，才能知道自己的不足，才能扬己之长补己之短。

我们还需要改变陋习。或许我们暂时无法做到将全部不良习惯拒之门外，但是只要肯改，我们的不良习惯将会越来越少，此消彼长，好习惯则会越来越多。好的习惯是一种顽强而巨大的力量，可以主宰我们的人生。

不要怕我们做不到这些改变，当我们心中忐忑，害怕自己无法做好这些改变的时候，要想方设法给自己一些信心。大科学家爱因斯坦说过："自信是向成功迈出的第一步。"只要我们拥有了自信心，就可以改变一切。树立起强大的信心，战胜自己，改变自己，将不再是一件困难的事。

所以，不要总是试图改变工作。我们扎根在这里，如果重新换一片土地，很有可能会在枯萎后死掉。当工作无法改变的时候，我们一定要学会改变自己，让自己变得强大起来。

目录

Contents

第一章　接受不能改变的工作，改变自己

古龙曾说："人在江湖，身不由己，寸心之争，生死忘矣。"意谓人在江湖中漂泊，往往会不由自主地被迫去适应环境，无可奈何地改变自己。"江湖"并非是一个遥远的话题，事实上，我们今天生活中的职场，正是一个竞争异常激烈的江湖。在这个江湖之中，我们必须要学会适应，才能够生存下去。在很多时候，我们会用尽全力来改变自己的工作，力图使自己生活在更加完美的工作环境之中。可是，努力过后却发现：工作根本无法改变，而我们自己，却在这些工作中举步维艰，难以前行。我们应该怎么办？很简单，改变不了工作，那就改变自己。

1. 读懂自己的内心 / 2
2. 工作岂能尽如人意？ / 6
3. 工作不像逛商场 / 9
4. 学会接受无法改变的工作 / 12
5. 从自己开始改变，才能改变现状 / 16

第二章　端正心态，改变自己从改变心态开始

什么是心态？有位哲人说得好：你的心态就是你真正的主人。这话说得一点不错，心态可以让我们乐观豁达，亦可让我们消极懈怠，它无时无刻不在影响着我们的生活，决定了我们前进抑或停滞。它，的确是我们的主人，是我们心灵的主人。我们要想改变自己，就应该先从改变心态开始，正如一位伟人所说：要么你去驾驭生命，要么是生命驾驭你。你的心态决定了谁是坐骑，谁是骑师。所以，我们要想成为自己真正的主人，要想改变自己，就要从心态着手。对了，就是要端正心态。

1. 你的心态是否积极？ / 22

2. 消极的心态只能让一切越来越糟 / 25
3. 需要端正自己的心态 / 28
4. 换个角度看待自己的工作 / 32
5. 积极地面对一切不如意 / 35
6. 积极的心态是力量之源 / 39

第三章 改变思维，拆掉旧墙才能走上新路

每个人都有一套属于自己的思维模式。思维模式的不同，往往导致人们会走上不同的人生道路，优秀的思维模式会指引人们快速地向前发展，而落后的思维模式则会阻碍人们向前发展。所以，很多人如果想要改变自己，就必须要学会改变自己的思维模式。可是，固有的思维模式真的容易改变吗？当然不容易！这就如同让习惯了穿白色衣服的人改变审美观，转而喜欢黑色衣服一样有些难度。但是难度归难度，如果不打破固有的思维模式，我们将很难改变自己。只有拆掉了困住思维的墙，我们才能走上新的道路。

1. 你是一个固执的人吗？ / 44
2. 上山的路不是只有一条 / 47
3. 撞上南墙，疼的是自己 / 50
4. 改变旧的思维模式 / 53
5. 拐个弯儿，路也许更好走 / 56
6. 变则通，通则达 / 60

第四章 强化意志，绝不轻易被困难打倒

古罗马喜剧作家普劳图斯说："万事皆由人的意志创造。"这句话确是发人深省，我们也可以反过来理解：人的意志创造了万物。可不是吗，我们脚下走的路，我们手里做的事，有哪一项不是由意志创造的？没有，当然没有！如果没有坚强的意志，我们绝难在人生之路上披荆斩棘；没有坚强的意志，我们根本无法迈过任何一道小沟小坎。可以说，是意志筑就了我们精彩的人生。但是在很多时候，我们却又往往会被意志所局限和左右，因为我们不够坚强，所以总是无法完成很多原本可以完成的事。好了，已经够了！知道了自己的意志不够坚强，那就要学会努力抛弃这种懦弱。只要肯，我们可以强化自己的意志，进而改变自己！

1. 你在困难面前退缩了吗？ / 66
2. 你越软弱,困难越凶狠 / 70
3. 不做一只鸵鸟 / 73
4. 试着给意志淬淬火 / 77
5. 失败了,就再爬起来 / 81
6. 坚强的意志是一把刀 / 84

第五章 调整情绪,把快乐融入工作

工作是一个爱耍脾气的孩子。当它快乐的时候,会变得简单和容易起来,哼着曲儿向前奔跑;当它不快乐的时候,会耍小孩子脾气,拖拖拉拉不肯前进。倘若要想工作变得轻松和容易,你就需要给你的工作一个快乐的心情。怎么给？很简单,你快乐,它就快乐。《你的误区》一书的作者韦恩·戴埃说:"你应对自己的情感负责。你的情感是随着思想而产生的,那么,你只要愿意,便可改变对任何事物的看法。"调整好你的情绪吧！要把快乐带给工作,让它快快乐乐地向前发展。不要说你今天不快乐,你可以调整,你可以改变。

1. 你今天心情不好吗？ / 90
2. 不必把得失挂在心上 / 94
3. 别把情绪带到工作中去 / 97
4. 深呼吸,工作需要平心静气 / 101
5. 好的心情,收获高的效率 / 104

第六章 坚持学习,以能力驾驭工作

学知不足,业精于勤。从古至今,关于学习,一直是一个永恒的话题。数学家华罗庚曾说过:"聪明在于学习,天才在于积累。"诗人歌德也曾说过:"人不光是靠他生来就拥有一切,而是靠他从学习中所得到的一切来造就自己。"一个简单的事实被这些伟人们举了起来:无论任何人,要想成就一番事业,必须经过学习。请注意,我们说的是"必须"两个字。在人生的道路上,我们必须通过学习,才能不断前进,再天才的人也不能例外。职场是人生中最五光十色的一段人生路,在这段人生路上,我们还是要通过不断学习,才能提升自己的能力,才能在激烈的竞争中脱颖而出。古人还说了:活到老,学到老。我们现在努力学习,正是时候！

1. 你一切都会了吗？ / 110
2. 眼高手低是一场笑话 / 113
3. 虚怀若谷方能提升技能 / 116
4. 三人行，必有我师 / 119
5. 亡羊补牢，为时不晚 / 123
6. 能力愈强，做事愈顺 / 126

第七章　反省不足，扬己之长补己之短

曾子曰："吾日三省吾身：为人谋而不忠乎？与朋友交而不信乎？传不习乎？"其言下之意是，自己一天要多反省几次。反省什么呢？反省帮朋友办事是不是尽心尽力了？反省与朋友交往是不是诚实守信？还要反省老师传授的知识，自己有没有认真复习？没错，就我们来说，这些确实都需要认真反省。事实上，我们每天需要反省的不止于此，还有更多。为什么这么说？因为人无完人，金无足赤，我们身上必定存在着很多的不足，只有通过反省，我们才能认识到自己的不足。知道自己的不足就好办了，大儒家朱熹曾说："日醒其身，有则改之，无则加勉。"就这么做！

1. 你反省过自己的不足吗？ / 132
2. 金无足赤，人无完人 / 135
3. 学会反省，就是进步 / 138
4. 织出一张漂亮的大网 / 140
5. 不知不足，何以完善 / 143

第八章　改变习惯，清除身心的"垃圾"

"习惯真是一种顽强而巨大的力量，它可以主宰人生。"培根一句简单明了的话，一针见血地指出了习惯的力量。我们的人生，因习惯而定！好的习惯促使我们上进，给我们力量；坏的习惯消磨我们的意志，让我们消沉。在好的习惯面前，成功看似遥远，实则唾手可得；在坏的习惯面前，成功看似很近，实则遥不可及。这些，就是习惯对我们人生的影响。然而，再完美的人，也不可能身具所有的好习惯，他们总会不由自主地沾染一些坏的习惯。我们也无法幸免，总会受到一些坏习惯的影响。那么这个时候，我们应该怎么办？难道就任由坏习惯影响我们的人生吗？当然不！我们可以改变！

1. 你发现自己的不良习惯了吗? / 148
2. 踢走精神的腐蚀剂,懒惰 / 151
3. 释放工作的炸药包,冲动 / 156
4. 让自负走吧,你需要谦虚 / 159
5. 让嫉妒走吧,你需要欣赏 / 162
6. 良好的习惯是工作的关键 / 165

第九章 树立信心,用信心主宰命运

千里之行,始于足下。当我们在通向成功的道路上奔跑时,信心作用若何?大科学家爱因斯坦说:“自信是向成功迈出的第一步。”是的,在通向成功的道路上,自信心永远是我们需要迈出的第一步,也必须是我们要迈出的第一步,因为只有拥有了信心,我们才能经得起成功路上的任何风暴。在通向成功的路上,我们最大的敌人不是漫天的风雪,也不是刺骨的寒风,而是缺乏信心的畏缩不前。努力战胜这个自己最大的敌人吧!海伦·凯勒说:“信心是命运的主宰。”从现在起,我们可以改变自己,树立起必胜的信心!

1. 你的信心哪儿去了? / 172
2. 你不相信自己,工作也不相信你 / 175
3. 改变你自卑的性格 / 178
4. 把信心从心底挖出 / 182
5. 让一切困难臣服在信心脚下 / 185
6. 有自信,才能拥抱成功 / 189

第十章 “工”不可以改,“作”可以改

在很多时候,我们都会对工作心怀不满,认为当下的工作环境无法适应自己的发展。为了更好地“发展”,我们选择了不断跳槽,从一家公司跳到了另一家公司,从一个行业转到了另外一个行业。但是跳来跳去,我们却失望地发现,工作的改变并没有带来如期的发展,我们仍然被牢牢禁足在一个让职场人心惊肉跳的漩涡里,无法前进一步。于是我们开始质疑:自己真的注定是职场的失败者吗?当然不是!其实从一开始我们就错了,我们本末倒置,只是试图改变工作环境,却恰恰忽略了最需要改变的,是我们自己。

1. 别妄想把山巅的松树在平原植活 / 194
2. 与其徘徊眺望，不如改变自己 / 197
3. 内调内心，外改行动 / 201
4. 别把无法改变的工作当成落后的理由 / 203
5. 你会因为自己的改变而强大 / 208

职场小幽默 / 212

第一章

接受不能改变的工作，改变自己

古龙曾说："人在江湖，身不由己，寸心之争，生死忘矣。"意谓人在江湖中漂泊，往往会不由自主地被迫去适应环境，无可奈何地改变自己。"江湖"并非是一个遥远的话题，事实上，我们今天生活中的职场，正是一个竞争异常激烈的江湖。在这个江湖之中，我们必须要学会适应，才能够生存下去。在很多时候，我们会用尽全力来改变自己的工作，力图使自己生活在更加完美的工作环境之中。可是，努力过后却发现：工作根本无法改变，而我们自己，却在这些工作中举步维艰，难以前行。我们应该怎么办？很简单，改变不了工作，那就改变自己。

1. 读懂自己的内心

在现实生活中,我们想要明白自己的内心,谈何容易?身在职场,我们想要真正读懂自己的内心,又是何其困难?职场是一个大的江湖,在这个江湖中,到处充满了刀光剑影,龙争虎斗。风波险恶的职场江湖,使混迹其间的我们备感生存的压力。我们知道,想要在职场这个江湖中打拼出自己的一片天地,真的很不容易。虽然很不容易,但是只要我们努力,总是有迹可循,总是会有奋斗的方向。不过遗憾的是,很多人在职场这个大江湖中奋勇前行的时候,却会一不小心,迷失到了另外一片江湖中。这另外一片江湖,就是自己的内心。

的确,我们的内心,也是一片江湖。在这片江湖中,同样充满了斗争,充满了急流和漩涡。倘若一不小心,我们也同样会被卷入漩涡之中,难以自拔。在内心的江湖之中迷失了自己,是可怕的,我们会不清楚自己在做什么、想要什么、要怎样去做。我们还会怅然若失,对任何事情都失去了兴趣,即使是做了,也不知道自己在做什么。如果长此这样下去,我们内心这片江湖只能是越来越混乱,越来越无法控制。甚至到了后来,这更会波及我们的职场江湖,使我们在职场中毫无斗志,一败涂地。这样的后果,应该是所有身在职场的人都不愿意看到的。

所以,我们一定要想方设法使自己内心这片江湖风平浪静。正因为如此,我们一定要学会读懂自己的内心。

只有读懂了自己的内心,我们才能在人生的旅途中,正确认识自己,悟透自己;也只有读懂了自己的内心,我们才能在这片错综复杂的江湖中,不断地修正和完善自己,把自己遗赠给泥土,然后再从生死相依的草根中生长出来，沐浴阳光、接受晨露，迎着暴风骤雨茁壮成长。

读懂自己，实在是一种无与伦比的智慧。在职场中，只有读懂了自己的内心，我们才会带着认真的态度去努力拼搏，才会带着快乐的心情去享受工作。读懂了自己的内心，我们就会明白：人的生命就像是洪水一样奔流，倘若不遇到礁石和岛屿，就难以激起美丽的浪花。工作中的沟沟坎坎，酸甜苦辣，其实正是我们偶遇到的礁石和岛屿。征服了它们，我们才能真正磨砺出精彩的生命。

一只小老鼠非常的自卑。它感觉身边的每一样东西都比自己强，所以总是会去羡慕别人。有一天早上，当它伸着懒腰从屋子里走出来的时候，太阳正好升起。看着光芒万丈的太阳，它便由衷地赞美太阳的伟大，并感叹：我要是太阳该有多好。太阳听了哈哈一笑，对它说："别羡慕我，等会儿乌云出来，你就看不见我了。"

一会儿，乌云出来了，果然，一大片乌云很轻松就挡住了光芒万丈的太阳。于是，小老鼠又开始赞美起乌云的伟大，又感叹：我要是乌云该有多好。乌云听到撇了撇嘴说："等一会儿风一过来，你就知道谁最伟大了。"

一阵狂风吹过，云消雾散，小老鼠看得目瞪口呆，不由自主地又开始赞美起风来。正当它幻想自己是风时，风却对它说："你觉得我伟大吗？可是我连前面那堵墙也吹不过，看来墙比我伟大得多呀！"小老鼠一听，觉得很有道理，于是，一边往墙上爬，一边开始赞美起墙来。它对墙说："您是世界上最伟大的，我要是能变成您，该有多好。"

墙笑了，对小老鼠说："小家伙，你怎么会觉得我伟大呢？我再伟大，你不还是站在我的肩头上吗？这样一比，你比我更伟大啊！"

我们来看，兜了一个圈子，小老鼠自己反倒成为最伟大的了。如果它需要接着崇拜，那是它自己；如果它还想要变成最伟大的，那也是自己。其实说来说去，它一直是一个"伟大"的小老鼠，只是它没有读懂自己的内心,不了解自己的内心而已。在这个世界上,每个人都是独一无二的,只要能摆脱自卑,远离内心深处的那个漩涡,正确认识自己的价值,好好思索自己到底想要什么,该做什么,对自己充满信心,那就一定能够轻松战胜一切。

在工作中,我们也应该静下来,学会读懂自己的内心。想想看,在职场中,我们真的读懂自己了吗?职场中的很多人都只是知道自己不适合以及不喜欢做什么,但却对自己适合做什么,喜欢做什么摸不着头脑。他们或许会厌恶自己目前的工作,或许会厌倦自己目前的生活,但是却不知道自己该怎样做。他们就像那只小老鼠一样,觉得除了自己以外,什么都是好的,唯独自己的一切是那么的糟糕。于是,他们拼命地想改变,想换个工作,想换种工作方式。可是换来换去,却还是走不出这个圈子,就好像有一只无形的大锁,把他们锁在了一种固定的模式之中。锁当然有,而且还是自己锁住了自己。想想看,不能读懂自己的内心的人,又怎么可以安静下来努力拼搏?

当然不能!不能读懂自己内心的人,永远找不到归属感。无论从事何种工作,即便是他们喜欢的工作,也仍然会让他们产生一种茫然无依的感觉。

一位刚刚走出校门的大学生去找工作,他很幸运地通过初试,取得了第二轮复试的机会。第二轮复试是老板亲自把关。老板问他:“你想要什么样的工作环境?”他的回答是:“月薪5万元,包吃住,然后每年还要有20天公费出国的机会。”老板一愣,笑笑对他说:“这样吧,我给你月薪10万,再送你一套房子,每年公费出国40天。你看如何?”这位大学生吃惊地问:“这么好!你该不会是跟我开玩笑吧?”

老板说:“是你先给我开玩笑的!”

这是一则笑话,让人看过忍不住要轻笑几声。但是笑过之余,我们要来想一想,到底地什么地方让我们发笑了?是这位大学生要求的条件太高了吗?应该不是!在现代职场中,像这位大学生开出的薪酬条件,不算太多,但却也有不少。所以,他的这个要求并不过分。其实真正过分的是，他根本没有认真读懂自己的内心，根本不知道自己能做什么，想做什么，甚至是想要什么。他所提出的这些条件，只是他臆想中的海市蜃楼，连他自己都觉得捕捉不到，更何况别人？那位老板笑他，显然是理所应当。

每个人心中都有想过自己梦想要做的工作，但是现实中往往却会有很多人为了生存，为了年迈的父母，为了孩子，为了自己的养老问题等等，不得不去做那些自己不喜欢，但却又没办法丢弃的工作。这样做的时候，我们会惆怅、会彷徨、会苦闷，会觉得不快乐。但是不要紧，只要我们可以读懂自己的内心，一切难题就不再是难题。如果我们所做的工作，是自己喜欢的工作，读懂了自己的内心，我们就会知道自己在做什么、想要什么、又能得到什么，一切都会一目了然、顺理成章，我们自然会很快乐。如果那些工作并非是我们喜欢的工作，但出于某种原因，我们不得不去从事。这个时候，我们也需要读懂自己的内心，那个不得不做的原因，可以让我们内心不再彷徨，因为有了奋斗的方向和目标。这个时候，在苦闷之余，我们依然会快乐。因为每走一步，我们都会更接近自己的目的地。

所以说，无论是在哪种方式下从事工作，只要可以读懂自己的内心，知道自己能做什么，在做什么，想要什么，应该怎样去做，我们就不会彷徨和害怕，就能更好地投入工作。试想一下，如果上面故事中那位刚刚毕业的大学生可以读懂自己的内心，他就一定不会提出这样的条件。因为那个时候他会知道，自己在工作中会扮演一个什么样的角色，而不是一个让人发笑的傻瓜。

在工作中，我们最需要做的，就是读懂自己的内心。无论是初入职场的菜鸟，还是几经战阵的老江湖，都该学会读懂自己的内心，弄清楚自己在职场这片江湖中，到底想干什么，应该怎样去做！这是最重要的！

2.

工作岂能尽如人意?

小说《没什么要紧》中有一段话,大意是这样的:生活是一篇草稿,每个人的故事都是下一个故事的草稿,人们涂改来涂改去,当弄得干干净净没有什么差错时,就结束了。这句话的意思或许不太容易理解,但是如果我们将其放到职场中,就会发现:原来真是如此!想想看,职场中是不是有很多人,都在经常涂改着自己故事的草稿?是的!

很多身在职场的人都会有这样一种想法:他们觉得自己目前所从事的工作,并非是自己想要的,所以总会想着办法去改变。可是,到底要改变成什么样子?他们却又不知道,只是觉得,一定要改变,或许变完之后,就会有所改善。其实,真正的"有所改善"到底是什么样子的,怕是连他们自己也不知道。

这是职场中一种很有意思,但却非常普遍的现象。想要改变,但却又不知道到底要改变成什么样子,要变到哪里去,已经成了职场中的一种通病。任何一种病的发生,都是有其原因的,这种"病"也不例外。归根结底,这种病发生的病因就是他们对自己本身的工作不满意。

可以说,不满意自己本职工作的人,各种岗位都有,我们很难去具体量化它。但总体来看,在职场中,对工作不满意的人远远多于对工作满意的人。我们要明白的是,除了那些因为特殊原因,不得不去从事自己不喜欢工作的人之外,大多数人对工作的不满意与其所从事的工作并没有太大关系。一位年薪50万元的市场部经理可能对自己的工作不满意,而一位餐厅的服务员,则可能会对自己的工作非常有成就感。

因为对工作不满意,所以很多人每天会不情愿地离开家人、朋友去上班。即便是在上班时,他们也会心不在焉,甚至是愤世嫉俗、郁闷,感到备受挫折。久而久之,这种痛苦的折磨会打消掉他们的工作热情和自信,导致工作越来越糟。当接二连三地出现一些问题之后,他们就会想:是不是我真的无法适应这份工作?是不是我该换份工作了?好吧!他们果真去换了,但是换过之后,可能还会如此。

我们要说的是,工作岂能尽如人意?事实上,在职场中,有相当大一部分人在从事着自己不太喜欢的工作,他们都有着不得不去做这份工作的理由。还有一部分人,就像前面我们所说的,与所从事的工作没有太大关系的人。他们或许是因为和同事相处的原因,或许是因为领导对自己有看法,或许是因为工作本身让他们感到了吃力等因素,会产生一种莫名其妙的不满心理,会觉得自己很讨厌目前所从事的工作,只想尽快重新换一个环境。但是换来换去,他们却把自己给弄丢了。

小张今年 30 岁,已经有 8 年的工作经验。大学毕业时,他听同学说南方挣钱容易,于是就极力争取分配到南方工作。他上下走关系,好不容易分配到了深圳一家国有企业,但仅仅过了一年的时间,就开始对工作不满意起来。他觉得虽然是国有企业,但工作环境却死气沉沉,不知道自己要熬到哪一年才能熬到头。这种不满意的感觉越来越强烈,于是他就跳槽去了一家外资工厂。

这家外资工厂的收入显然要比国有企业高不少,他也兴致勃勃地干了一段时间。但是一段时间之后,他又开始对工作不满意起来,觉得在工厂里做事太封闭,如同井底之蛙,很难有锻炼的机会。他想,自己实在不愿意在这样一个环境中工作一辈子,那太压抑了。于是,这种不满意又驱使他打算跳槽。

但是,做什么好呢?正好他有个朋友在广告公司上班,他经常听到这个朋友的高谈阔论,总会有一些新想法、新主意从朋友的谈话跳出来,这让他艳羡不已。他认为,做广告应该是一种非常有意思的工作。于是,他就去广告公司应聘广告策划。几经波折,终于有一个中型的广告公司录用了他,这让他兴奋不已。但是,几个月下来他又发现,自己的大部分时间都用在了联络客户、跟进项目以及大量的文件处理工作,真正做策划的机会其实不多。他非常的沮丧,又开始对这份工作不满意起来。于是,他再次跳槽。

这次他跳槽的公司，是一家本土的4A广告公司。这家公司做策划的机会要多一些，他终于得偿所愿，做起了策划工作。但是，工作了一段时间之后，他却又开始对这份工作不满意起来。原因是，他发觉即使方案很好，但是要想说服客户接受却不太容易。于是，他又离开了这家公司，进入一家国际4A广告公司的客户服务部工作。在这个部门，除了客户服务以外，还有很多机会做策划，这让他又满意了一段时间。

但是这仅仅是一段时间，一段时间过后，他发现，自己做出的很有水平的策划方案，却经常会被上司无故篡改，原因是上司不认可。这让他非常的不快，于是再次跳槽。但是跳来跳去他却发现，广告行业其实是一个业务很不稳定的行业，有很大的局限性，这非常不利于自己的发展。为了自己的发展，他决定再换一个行业。

经过一段时间的观察，他发现化妆品行业很红火，而自己对于做化妆品的市场策划也很擅长。于是，他转而又跳入了一家化妆品公司。干了一段时间后他发现，自己做策划营销方案倒是得心应手，但是工作中却有很多需要与经销商、销售部门沟通协调的事情，所以每天需要处理太多的杂事，这让他非常的不满意。几个月之后，他实在顶不住这种应接不暇，手忙脚乱的工作了，只好再次无奈地离开了那家公司。

一直到现在，他还在四处奔波着寻找工作。

怎么样？从小张的身上，我们找到了自己的影子吗？稍微留一下神，我们就会发现，或许自己和小张很相像。一直不满意自己的工作，可是却不知道不满意在什么地方；一直不停地寻找，可是总也找不到。那份可以让自己满意的工作到底在哪里？其实就在我们身边。也许我们现在所从事的工作，就可以让自己满意，只要，我们可以认真地对待。

在很多时候，工作之所以会让我们不满意，其实原因根本不在工作，而在我们自身。当我们还对自己的工作不满意时，不妨好好地问问自己：我们努力了吗？认真了？读懂自己的内心了吗？我们想要什么？想得到什么？又是怎么做的？如果可以清晰地解答这些问题，那么这些问题便不再成为问题。如果说工作是一辆车，我们需要用这辆车带着自己走向成功，那么车在路途中抛了锚，原因就只是在车子的身上吗？我们要想一想，自己爱惜这辆车了吗？自己认真驾驶了吗？倘若不能解决自身的原因，即便是换了一辆车，还是会有抛锚的可能。

工作不能尽如人意！这是一个千百年来亘古不变的真理。再好的车子，总会有让我们不满意的时候，所以，我们不要总是想着离开这辆车子，去换另外一辆。我们应该考虑的问题是：怎样才能驾驶着这辆车子，不出问题地找到自己最完美的人生。这才是上上之策。

3.工作不像逛商场

我们都有过商场的经历。工作之余，我们经常会和朋友一起，走进熙来攘往的商场里，东挑挑，西选选，遇到合自己心意的东西，就买下来。在快节奏的都市生活中，逛商场可以说是一种很有效的放松方式，它的随意性会让人感到很惬意。有那么多的衣服和商品摆在自己的面前，只要有钱，想要哪一件，就挑哪一件，多好！

是很好！所以很多人喜欢逛商场。那么，在职场中我们逛过商场了吗？没错，在职场中，也总有一部分人喜欢“逛商场”，他们身上正在试穿着一件衣服，但是眼睛一瞄，却又发现了另外一件看起来很漂亮的衣服，于是乎，慌慌张张地脱下这一件，而又去试穿另外一件。这样的做法原来无可厚非，人往高处走水往低处流，盯着更好的东西是人的自然本性。可是用在职场上，却就不妥了。工作不像逛商场，如果不假思索，说换就换，甚至不知道自己想要什么，那是工作的态度吗？那样的态度，又如何做得好工作？

小孙是北京某高校2008届人力资源专科的毕业生，毕业后他就在北京找了一份保健品的销售工作。这份工作仅仅做了半年，他就开起了小差，觉得自己几年大学白念了。于是，他辞去了这份工作，来到了广州，经同学介绍进了一家人事外包公司，从事本专业的工作。这份工作是和他的专业对口，所以他做起来是得心应手。可是，一段时间之后，他的目光又飘远了。

他觉得，自己的亲人和朋友大多都在杭州，一个人在广州漂泊很是孤单。有了这种想法，他便不再能安心工作了，想来想去，认为换一份工作实在不是什么大不了的事。于是，他又从广州跑到了杭州。因为他的能力不错，所以很快，他就在杭州找到了一份人才网站的销售工作。3个月后，他觉得压力过大，自己很难适应，于是又萌生了退意。很快，他就辞去了这份工作，另外又找了一份工作。

当然，他的另外一份工作，也没有做很长时间。他就把换工作当成了逛商场一样，喜欢一件挑一件，对于那些穿过的衣服，往往不屑一顾。所以几年之后，他依然没有稳定下来，而那些和他同一年毕业的朋友们，则都在不同的领域里打拼出了一片天地。

在这个小故事中，我们可以很容易看到一点，那就是小孙的能力不错。无论在什么行业，他都可以很快适应并投入进去。但是能力虽然不错，几年过后，他却依然一无所获，原因就在于，他根本就不把工作当作一回事儿。不能认认真真地坚持做好一份工作。

有个寓言故事是这么说的：有一只猴子，路过瓜田的时候，看见满地的西瓜，于是就赶紧摘了一个。正当它想吃的时候，忽然又看见旁边的树上结满了香蕉。于是，它兴高采烈地扔了西瓜，转而去摘香蕉。可是香蕉还没有吃到嘴，它却又发现不远处还有一棵桃树，很自然地，它又扔了香蕉，转而去摘桃子。不过遗憾的是，这棵桃树早已被一只更大的猴子占住了，它无法上去摘桃子。等它回过身来，想去摘些香蕉和西瓜的时候，却发现，那些香蕉和西瓜早已被别的猴子摘光了。

我们来看，上面故事中的小孙，是不是就很像这只猴子？他把所有的工作都当成了自己家的私有财产，觉得不想在这个地方工作了，就暂时先走，去寻找更好的工作。等到实在不行的时候，再回来也不晚。实际上晚了吗？当然晚了！工作不像是商场里的衣服，可以一边试一边挑，选不到好的还可以找回原来那件。我们所做的工作，其实是由一些机会组成，一旦失去了这些机会，就很难再找得回来。

为什么总是要挑来挑去呢？我们其实完全可以认准一份自己喜欢、也有条件做的工作，然后，脚踏实地、一步一个脚印地走下去。即便是真的发现自己所做的这份工作不太适合自己，也要郑重地去选择适合自己的工作。在选之前，我们需要知道自己想要什么样的工作，能做什么样的工作，希望取得什么样的结果。只有给自己找到明确的方向和目标，并且坚持下去，我们才能把自己的工作做得有声有色。

开学的第一天，古希腊大哲学家苏格拉底对学生们说："咱们今天的课程很简单，那就是只做一件最容易做的事情。每个人把胳膊尽量往前甩，然后再尽量往后甩。"说完，苏格拉底亲自示范了一遍，果然很简单。看着嘻嘻哈哈照着做的学生们，苏格拉底严肃地说："从今天开始，每天做300个，坚持做一年。大家有信心做到吗？"

学生们都笑了：这有什么难的？再容易不过！当天，每个学生都轻轻松松地做了300下。

过了一个月，苏格拉底问学生们："现在检查作业，每天坚持甩手300下的同学请举手。"有九成的同学骄傲地举起了手，他们做到了。

又过了一个月，苏格拉底又问学生们："现在坚持甩手的同学有多少？如果做到了，请举手。"这次，仅有八成的学生举起了手。

一年过去了，大伙儿几乎都把这事给忘记了。当苏格拉底再次询问学生的时候，只有一个人举起了手。这个举起手的人，就是后来古希腊另外一个大哲学家柏拉图。

我们可以假设，苏格拉底所布置的“作业”是一份非常简单的工作，我们每天所要做的工作很简单，就是坚持做完那300下的甩手工作。这份工作看起来很枯燥，所以，有99%的人都选择了跳槽，选择了去另外挑选一件“新衣服”。可是，他们却为什么没有那个傻傻坚持的人活得成功？因为那个人是在认真坚持工作，而不是去“逛商场”。

在很多时候，我们总会在工作中遇到一些让自己“徘徊不定”的事情。比如，工作不满意、亲人不在身边、公司没有前景等。于是在这个时候，我们就开始想着换工作了。说到底，工作不合乎心意，换换工作是一件正常的事。但是却有很多人，把这种正常变成了不正常，一换再换。一点小小的因由，就会成为他们换工作的理由。他们对待工作，就像是对待商场里的衣服，稍微有点相左的意见，就会马上换掉。这样怎么行呢？如果仅仅是因为一点微不足道的原因，就去再“挑”一份工作，那么我们相信，挑来挑去，终将“挑”得一无所获。

在很多时候，工作中遇到一些小小的挫折，如果可以坚持下去，也许我们就能取得成功。

找一份自己愿意做、可以做、能够做的工作，像柏拉图一样坚持下去，是职场中人最基本的做法。如果我们想在职场这片江湖中生存，那么一定不要忘记了这点：找一份适合自己的工作，坚持做下去。千万不要把工作当成逛商场！

4. 学会接受无法改变的工作

德国著名哲学家叔本华曾经说过：“有接受的能力，才是人生旅途上最重要的事情。”我们需要接受什么呢？我们需要接受好的心情、好的事物、好的工作等完美的东西；还需要接受不好的心情，不好的事情，以及无法改变的工作等并不完美的东西。完美的东西人们都乐意接受，一旦接受时也会感觉顺理成章，但是那些不完美的东西人们接受起来就比较困难了，因为无论是不好的心情或者是无法改变的工作，都代表了一种残缺，一种不健全，一种与心里所想有差距的事实。

所以无外乎是所有的人，都乐意去接受那些完美的东西，而不愿意去接受那些并不完美的东西。例如，职场中那些无法改变的工作，有谁乐意去接受呢？但是，生活却告诉我们，不管愿意与否，现实并不会迎合我们的梦想。事实上，完全适合自己的心意的工作，在职场中并不多见。在大多数时候，我们只能去接受那些无法改变的工作。即便是不愿意，也要学着接受。

应该说，完美在很多时候都是我们做人做事的最高理想、最高境界。可是，当我们真的向那个目标进发的时候，却会发现其实现实并不是我们所想象得那样美好。我们觉得自己完全有能力处理好这份工作，可是真的投身其中时却又常常会感到力不从心；我们曾经以为自己喜欢这个行业，可是真的在这个行业里摸爬滚打一段时间以后，却又发现，这个行业并不像自己想象得那样美好。“完美本身就是一种不完美”，在职场中，我们想要找到完全合乎自己心意，可以让自己尽情策马奔腾的工作，谈何容易？或者根本就无法找到。所以可以说，在职场江湖中拼搏，我们注定要从事一些自己无法改变的工作，这是一种职场潜规则。

既然注定无法改变，那么，我们就试着学会去接受它们。如果不能接受，我们就只能会使工作越来越糟。

曾经有一个非常优秀的科学工作者，他对工作要求非常严格。有一次，由于工作需要，他需要写一篇专业方面的论文。为了能让自己的论文更加的出色，他开始像往常一样试着给自己的论文拟订方案。先是几种，然后是几十种，甚至是上百种。他决定从中找出一种最佳的方案，然后再动手去写。

可是，等到真正动笔的时候，他才发现，自己居然不知道要采用哪一种方案好了。因为上百种方案里，没有一项是十全十美的完美方案，都或多或少地存在着一些问题。他进一步推算出，如果具体实施这些方案的时候，会发生很多的冲突。他是一个科学工作者，当然不能容忍这种情况发生，必须要求有完美的方案。可是，完美的方案到底从哪里找？他找不到，于是觉得自己实在无法完成这项工作，只能将这篇论文的计划束之高阁。

因为工作无法改变，而他又在工作中找不到最完美的方案，所以只能将工作扔到一边。乍一看，我们会觉得他做得很对，合情合理。因为无论是谁，做任何工作，都会希望自己能把工作做到最好、最完美。可是，我们再反过来想一想，十全十美的工作真的存在吗？我们真的能找到自己非常喜欢，又可以做得滴水不漏的工作吗？很难！在职场之中，几乎所有的人，都不可能与自己最理想的工作“结合”，或多或少总会出现一些问题。只有我们学会接受这些无法改变的工作，才能慢慢地将工作做得更好。就像那位科学工作者，他不应该拒绝这项工作，而是应该先接受这项并不“完美”的工作，然后从自己的那些方案中，找出一个比较接近“完美”的方案，加以完善，从而把自己的论文继续下去。相信唯有如此，才是最好的解决之法，也相信唯有如此，他才能做出最优秀的论文。

我们应该明白一点的是，无论工作如何不能让我们满意，只要是我们选择了这份工作，就应该静下心来，先学习去接受它们。只有先接受了那些无法改变的工作，我们才会有把工作做好的机会。如果连接受的勇气也没有，那么，我们将无法做好任何工作。

美国前总统艾森豪威尔的母亲十分喜欢打牌，在她的影响下，孩子们也对打牌有很浓厚的兴趣。每当闲的时候，一家人总是喜欢聚在一起玩上几把。

每当和大家一起玩牌的时候，年少的艾森豪威尔总是兴致勃勃，非常开心。但是他玩牌却有一个特点，那就是每当拿到一手好牌的时候，他就会眉开眼笑，反之则会满脸的沮丧，打不起精神。甚至有时候拿到一手很臭的牌，他就会借故不打，搅散整个牌局。他的这个坏习惯让大家很是扫兴，也让母亲很是担忧。

有一次大家在一起玩牌的时候，小艾森豪威尔又连着拿了几把很臭的牌。一着急，他的坏毛病又上来了，不住口地抱怨，怪运气不好，怪上帝不照顾自己。这个时候，母亲停下了手里的牌，语重心长地对他说："既然你知道了发牌的是上帝，那么你就应该知道，不管发到你手里的是什么样的牌，你都得拿着。抓着坏牌抱怨是没有用的，你应该接受这个事实，然后想方设法把这把臭牌打好。只有这样，你才可能有获胜的机会。"

艾森豪威尔记住了母亲的教导，这次教导让他终身受益。

母亲的教导让艾森豪威尔明白了什么？其实就是一个很简单的道理：学会去接受那些无法改变的事情。正如他的母亲所说，是上帝安排了一切，那么抱怨和逃避有什么用呢？只有学会接受，把那些看来糟糕至极的事情认真梳理一遍，才有可能找到解决的方法。请记住：只有先学会接受。如果无法接受，那么一切都无从谈起。

在职场中，我们更要去接受那些无法改变的工作。套用艾森豪威尔母亲的话，是上帝安排了这一切。无论工作如何难以完成，无论在工作中会遇到什么样的难题，无论我们在工作中多么倒霉，只要工作本身无法改变，我们就必须学会接受。我们要相信，上帝既然这样安排，就一定会有他的用意。他或许是想用困境磨砺我们，或许是想让我们在困境中尽快成长起来，他其实是在给我们制造一个机会，一个让我们成长的机会。

但是，这一切都取决于我们是否能够学会接受这些无法改变的工作。在职场中，有很多人都不能够学会接受那些无法改变的工作，当遇到困难、迷茫甚至徘徊的时候，他们会躲得远远的。他们以为，这样就可以解决问题了。真的能够解决吗？我们知道，不能！逃避到了最后，我们只能做一个无奈的失败者。

拿出勇气来，学会接受那些无法改变的工作吧！请记住，无论工作再怎么艰难，再怎么无奈，也都是上帝给我们发的一手牌。这手牌再臭，也有它存在的理由。只有学会了接受，认真打下去，我们才有获得胜利的机会。

5.

从自己开始改变，才能改变现状

有位哲人曾经说过：大多数人想要改造这个世界，但却罕有人想改造自己。的确，这句话暴露出了大多数人的心理状况。他们总是想着要改变，大至成为伟人，改变世界；小至使自己成为成功人士，改变所处的环境，使工作更为优越。想法非常不错，他们也为此进行了努力，可是努力来努力去，他们却又会发现，最有可能的结果竟然是一事无成。原因何在？很简单，他们只想着改变现状，却不肯去改变自己。

我们已经知道，要想在职场这个江湖中生存下去，首先要读懂自己的内心，知道自己想要什么，要怎样去做，给自己树立一个明确的前进方向。这是一个先决条件，如果无法读懂自己的内心，那么我们只会迷失在职场江湖中。读懂自己的内心之后，我们就会明白，工作就是工作，虽然可能会有很多不尽如人意的地方，但只要努力，就有可能会化失望为满意。正因为如此，我们才不能像逛商场一样随意变换工作，而是要学会接受那些无法改变的工作。但是问题在这个时候却又来了：我们可以学会接受那些无法改变的工作，但是却又不想一直在这样的环境下工作下去，那么应该怎么办？

所有人都知道要努力去改变这种现况，只是很多人在努力的时候，却不知道从何入手。他们会想方设法地去改变工作环境，使得工作环境尽量和自己的步调保持一致，以为只有如此才能解决问题。可是这样做，真的能解决实际问题吗？好像不能！因为无论环境再怎么改变，如果我们还是用一贯的心态和行为进行工作的话，只能重蹈一次工作不满意的覆辙。这就如同中医的治病原理，倘若仅仅是治标而不去治本的话，根本就无法彻底治愈顽疾。所以，当我们试着接受了那些无法改变的工作，又试着想要改变现状的时候，最先要做的，就是改变自己。

只有由内到外地改变了自己，才能彻底地根除“顽疾”，使我们走上健康的工作之路。

初春的一天早上，空气相当冷冽，一个身高仅有1.50的矮个子青年从东京某公园的长椅上爬了起来，开始了一天的日程。他先走到公园一角的自来水管旁边，用冷水洗了洗脸，然后徒步去公司上班。这个公园，其实已经成为了他的“家”，因为拖欠房租，他已经在这个公园里睡了两个多月了。

他没有钱交房租是有原因的，因为那份工作实在是让他挣不了多少钱。他是一家保险公司的推销员，为了能够多跑出一些业务，他每天都勤勤恳恳地工作，但是收入仍然很少。这样的低收入让他的生活非常困难，他也想过换工作，可是却又知道必须要珍惜这份来之不易的工作。他试着接受了这份无法改变的工作，挣不到太多的钱，他就想办法去节省。不吃中餐，不搭电车，可以让他以极少的钱来维持生活。

一天，他又饿着肚子工作了起来。他来到了一家寺庙，拜见了寺庙里的住持，一番寒暄之后，他就滔滔不绝地向住持介绍起了投保的好处。

他介绍得很仔细，希望以此来打动住持，卖出一单保险。可是，当他费尽唇舌地讲完之后，却发现对方根本就不为所动。住持听完他的介绍之后，只是微笑着对他说：“施主，听完你的介绍，我丝毫没有投保的意愿。”

他愣住了，沮丧到了极点。

住持又接着对他说：“人与人之间的交往，就像我们这样相对而坐的时候，一定要具备一种强烈的吸引对方的魅力。只有这样，才能赢得对方的好感。如果你无法做到这一点，那么你的这份工作，将没有任何前途。”

年轻人一脸的茫然。他一直都知道自己不太容易赢得客户的信任，但却又不知道原因是什么，住持的话，正好点中了他心中的一个盲区。于是，他就问住持：“那么，我应该怎么做呢？”

住持只说了一句话：“小伙子，先从改变自己开始吧！改变了自己，你才能改变现况。”

从寺庙里出来，他一直在思索着住持的话，若有所悟。等到回到公司里的时候，他忽然跳了起来，明白了住持的意思。

他很快组织了一个“批评会”，每月举行一次，专门针对自己。他的批评会很简单，就是请一些同事或者客户指出自己的缺点。为了能让这个“批评会”顺利进行，他每次都会请一些同事或者投保客户吃饭。这样的做法，让本来就非常贫苦的生活更加窘迫，他不得不去典当行当出自己的衣物。

那些人给他提出的意见很多：你的个性太急躁了，常常沉不住气；你缺少一股韧劲，一旦别人拒绝，就不敢再次尝试了；你介绍产品的时候，脸上没有笑容；你有些自以为是，往往听不进别人的意见……他把这些缺点用心记了下来，然后慢慢尝试着去改变。他很用心，那些别人看来是微不足道的缺点，他都会认真地改正。他告诉自己，只有随时反省、勉励自己，才能扬长避短，最大限度地发挥自己的潜能。

每一次“批评会”后，他都有一种被剥了一层皮的感觉，不过剥去的是自己身上的劣根性，剥去的是自己的缺陷。每当知道了自己一个可以根除的缺陷时，他都会非常开心。对他来说，没有什么能比改变自己更让人兴奋的了。

随着“批评会”的每月进行，他感觉到了自己在慢慢进步，在不断完善，在快速成长。他知道，自己终会越来越成熟，越来越强大，越来越适应这“无法改变的工作”。9年之后，他的销售业绩在全日本排名第一。但他并没停止自己的脚步，一路高唱凯歌向前猛冲。他曾经连续15年保持全日本销售第一的好成绩，成为销售界的一个奇迹。

38年之后，他成为了美国百万圆桌会议的终身议员。

这个矮个子的青年，就是“世界上最伟大的推销员”——原一平。他用自己的实际行动告诉了人们这样一个道理：要想改变现状，就要从改变自己开始。是的，只要肯认真、肯努力地改变自己，那么所有人都可以收获一个全新的自我。

原一平的故事我们都耳熟能详，或许我们只是知道，他是一个非常了不起的推销员，可是我们却没有深入了解，他是怎样走上成功之路的。可以说，他之所以可以成功，最关键、最重要的是第一步，那就是改变了自己。当他因为生活不得不去从事一份无法改变的工作时，其实路已经很明显了，要么成功，要么颓废。他选择了想要成功，他用自己坚定的意志，坚强地迈出了改变自己的这一步。

这一步，是开始，亦是结束。在工作中，如果我们不能学会改变自己，不能把自己融入那些无法改变的工作中，那么我们只能成为职场江湖中的失败者。等着我们的，只能是被淘汰的命运。

在大多时候，我们工作都是为了自己，因为我们想要生存，想要发展。这是我们工作的原动力，但却也成了限制我们的一种因素。有了这个限制，我们不能够随心所欲地选择工作或是不工作，也不能在职场江湖东飘西荡。我们必须认认真真、努努力力地工作，才能让自己发展得更好。所以，学会在职场中去适应一份无法改变的工作，也就成了必须。我们不仅要学会适应一份无法改变的工作，更要试着让自己把这份工作完成得更加完善。所以，我们必须学会改变自己。就像原一平一样，只有迈出了改变自己的第一步，我们才能踏踏实实地走上后面的道路。

把那些工作不太完美的抱怨抛在脑后吧！虽然我们可以找出一百个理由来抱怨自己的工作不尽如人意，可是抱怨之后，工作却不会因为我们的抱怨而发生一点变化。我们无力去改变工作，但却能改变自己。我们只需要今天去做，也许明天就会发现自己的身上发生了天翻地覆的变化。这些变化，足以使我们和工作之间的结合日趋完美。

从自己开始改变，我们一定能够改变那些让人不太满意的现状。

第二章

端正心态，改变自己从改变心态开始

什么是心态？有位哲人说得好：你的心态就是你真正的主人。这话说得一点不错，心态可以让我们乐观豁达，亦可让我们消极懈怠，它无时无刻不在影响着我们的生活，决定了我们前进抑或停滞。它，的确是我们的主人，是我们心灵的主人。我们要想改变自己，就应该先从改变心态开始，正如一位伟人所说：要么你去驾驭生命，要么是生命驾驭你。你的心态决定了谁是坐骑，谁是骑师。所以，我们要想成为自己真正的主人，要想改变自己，就要从心态着手。对了，就是要端正心态。

1.

你的心态是否积极?

一个装满了半杯酒的酒杯放在桌子上,你是要去盯着那香醇的下半杯,还是要去盯着那空空的上半杯?用不同的心态对待生活中的事物,就会收到不同的效果。如果你盯着下半杯,你会开心、会快乐,因为你知道还有半杯美酒可以享用;如果你盯着上半杯,你会失望、会忧虑,因为你发现美酒不多了。看看,不同的心态,看到的是不同的人生。在工作中,你会保持一种什么样的心态?是积极还是消积?

美国第三任总统托马斯·杰斐逊曾经说过:"一个人如果态度正确,便没有什么能够阻拦他实现自己的目标;如果态度错误,就没有什么能够帮助他了。"一位老艺术家也曾说过:"你不能延长生命的长度,但可以扩展它的宽度;你不能改变天气,但却可以左右自己的心情;你不可以控制环境,但却可以调整自己的心态。"许许多多的人用他们的切身经验告诉我们,心态对我们很重要。积极的心态,往往能改变我们自身,改变我们的命运。

所谓积极的心态,就是面对工作、问题、困难、挫折、挑战和责任时,能从正面去想,能从积极的一面去思考,能从可能成功的一面去积极地采取行动,努力地去做。积极的心态是一种生活态度,拥有积极心态的人,就会把生活中的一切当作阳光一般享受,哪怕是不好的事情。佛说:物随心转,境由心造,烦恼皆由心生,其实在生活中、工作中,那些很多看起来让我们痛苦不堪的事情,只需要换个角度,我们就会发现,原来不过如此。我们还会发现,那些所谓的天大困难,其实只需要静下心来,多走几步,就能够轻松解决。这就是积极的心态,当我们对所有的事情都抱有积极乐观的态度时，那么就没有什么困难可言了。

在工作中，当我们接受了那些无法改变的工作时，当我们意识到需要改变自己时，我们审视过自己的心态了吗？我们积极了吗？如果我们的心态还不够积极，那么一定要端正过来。一个积极的心态，可以使我们乐观豁达，可以使我们战胜面临的各种困难，可以使我们心境淡然，这正是我们面对无法改变工作时应有的态度。拥有了积极的心态，那些无法改变的工作中的各种难题，就会如同冰雪遇到了骄阳，很快就能烟消云散了。

有一位老太太有两个女儿，大女儿已经去世了，小女儿在美国工作。她实在是很想念女儿了，就坐船到美国去探亲。船在大海中遇到了风浪，被刮到了很远的地方，如果没有救援，那么全船的人可能都会面临死亡的威胁。人们都很紧张，只有这位老太太泰然自若。有些人很好奇，就问她为什么可以这么镇定。

她说："如果可以等到救援，我就可以见到小女儿了；如果等不到救援，我就可以见到大女儿了。对我来说，两者的结果一样，有什么可担心的！"

我们真的需要为老太太的回答喝彩，她的心态当然是积极的，她用了一种最坦然、最镇定的态度来应对迫在眉睫的危机。相较于那些惊慌失措的人，她显然要高明得多。其实事情真的就那么简单，只需要等来救援，就会有逃生的希望。可是总会有那么一些人，不住口地咒骂天气，诅咒运气，觉得自己遇到了大风浪，实在是太倒霉了。他们可能还会想：如果不坐这艘船，该有多好！有用吗？他们还有可能会在这种焦虑彷徨的心态下耗尽自己最后的生机，根本等不来救援的船只。

类似的故事还有很多，例如，还有个故事说，也有个老太太有两个女儿，大女儿做布鞋生意，小女儿做雨伞生意。下雨了，有人就问老太太："这天气多不好啊，看来你大女儿的生意今天是没办法做了。"老太太笑着回答："下雨多好啊！我小女儿的生意今天一定非常红火。"天晴了，又有人对老太太说："这一出太阳，你小女儿的生意可就没办法做了，多愁人。"老太太又笑了："天晴得好，我大女儿的生意肯定会非常好做。"于是，无论晴天还是雨天,人们总能发现这位老太太笑容满面。

想想看,如果她没有积极的心态,下雨时担心大女儿的生意做不下去,晴天时又担心小女儿的生意做不下去,那她岂不是要一直生活在担心之中?如果是那样的话,她的日子只能是一天比一天痛苦。在很多时候,积极的心态,不仅可以让我们对自己的工作充满了信心和斗志,还会带给我们很多快乐。

小李在一家公司做文秘工作,她的大部分工作就是给客户回复电子邮件。因为客户提出的问题都是大同小异,所需要回复的内容也都差不多。为了可以节省时间,所以公司专门花时间制定了一个模板,需要给客户回复电子邮件时,只需要按照固定的格式填写一下不同的抬头和时间就可以了。

她刚开始做这样的工作时,倒不觉得有什么,每天认认真真地完成自己的工作。可是,过了一段时间以后,她就开始厌烦了。原因很简单,她认为,这工作太容易了,没有一点技术含量,随便拉来一个小学生教上两天,也能胜任。一想到自己做的工作连小学生也能轻松对付,她就感到沮丧。所以工作的时候,她总是无精打采地应付,根本就提不起一点兴趣来。

后来,因为业务量的增加,公司又招进了一位员工,和她做同样的工作。她以为,这样的工作,过一段时间之后谁都会厌烦。可让她没有想到的是,过了很长一段时间之后,她发现这位同事还是做得很开心。她很好奇,就去问这位同事:"你不觉得这样的工作是一件很枯燥的事情吗?你不觉得厌烦吗?"

同事说:"的确,这样的工作很枯燥,刚开始的时候我也很厌烦。但是后来,我不再使用模板里的统一内容,而是针对不同客户回复不同内容的邮件,把每一封回信都当成一次练笔的机会。这多好呀,每天都可以练笔,有好多客户还夸我文笔好呢!至于工作效率,只有合理安排,我也一样可以跟得上。"

小李听了,不以为意,仍旧以厌烦的心态做着枯燥的工作。不过让她眼红的是,又过了一段时间之后,那位同事却被公司老总提拔为主管。老板说,她就在回信中给公司拉了几个大客户。

看看，同样的一份工作，只因为换了一种积极的心态，不但在工作中多了很多乐趣，还可以收获到更丰厚的回报，多好！我们可以把小李和她的同事，看作是两个方面，一个消极，一个积极，放在一起一比较，结果就很明显了。哪种心态可以让我们更加健康地成长和快乐地前进，不言而喻。

当工作无法改变时，我们先要改变自己。在改变自己之前，我们一定要学会拥有一个积极的心态。狄更斯说："一个健全的心态比一百种智慧更有力量。"当然是这样的！当我们拥有一种积极的心态时，在我们面前，将很难有任何困难。即便是真的遇到了一些困难，我们也可以笑着面对，轻松迎接。

如果我们拥有的是消极的心态，那么，请尽快端正。请记住：积极的心态是我们改变自己的开始。

2. 消极的心态只能让一切越来越糟

我们已经知道，积极的心态能使我们把工作越做越顺，能带着我们走向成功的彼岸。那么消极的心态呢？能给我们带来什么样的后果？消极的心态会使我们的工作越做越糟糕，会让我们感觉自己像是一头陷入沼泽中的牛，空有一身力气却发挥不出来，越是挣扎越是下沉，最终把我们带入失败的峡谷。

可以说，消极的心态不仅会让一切越来越糟，甚至还会摧毁一切。心态就像是我们命运的控制塔，它深深地搭建在我们内心深处，当我们心态积极时，它就会指明一条通向成功的道路；当我们心态消极时，它就会关闭指路明灯，拒绝为我们指明方向。一旦让消极的心态侵占了我们的内心，我们就只能如同是黑暗里的瞎子，摸索着向前奔跑，不仅会找不到正确的前进方向,还会碰得头破血流。

其实很多人都知道消极心态的危害,可是当那些不好的事物来到的时候,却总是又免不了让消极心态占据自己的内心。在工作中,他们也接受了那些无法改变的工作,也想要通过改变自己的心态来改变自己,也知道只有改变了自己才能去适应那些工作。可是,改变自己的心态谈何容易?当遇到难以解决的问题时,他们总免不了垂头丧气;当遇到挫折失败时,他们总免不了心灰意懒。他们总是无法看到乌云后面的太阳,即便是知道太阳还在天空中。他们的心总是想着不好的一面,“我办不到!”“没有希望!”“没有办法!”成了他们的口头禅。在这种消极心态的带领下,他们当然无法做好工作,工作只能是越做越糟。

法国浪漫主义作家大仲马曾说过:“烦恼和欢喜,成功和失败,仅系于一念之间。”他所说的这“一念”,其实就是心态。如果拥有积极的心态,我们就能够欢喜,就能够走向成功;如果拥有的是消极心态,那我们就只会拥有无尽的烦恼,只能够走向失败。

他叫奥斯卡,是美国麻省理工学院毕业的优秀人才。他的确很优秀,在经过探索实验之后,他把旧式探矿杖、电流计、磁力计、示波器、电子管和其他仪器结合制成了勘探石油的新式仪器。他对自己的这项发明充满了信心,认为只要使用了这种新式仪器,就一定会寻找到深埋在地下的石油。

但是,随着时间的推移,他却渐渐失去了信心。他受雇于一个石油公司,已经在气温高达43度的沙漠里待了好几个月的时间。他拿着新发明的仪器,顶着风沙和烈日,整日地东奔西走,但是始终一无所获。他的信心渐渐冷却,不再如开始一样充满希望。正好这个时候,他又得到了一个消息,他服务的石油公司因为无力偿还债务而破产了。他失业了,前景相当暗淡。

于是,他收拾好行李开始返程。1929年下半年的某一天,他在中南部的俄克拉荷马州首府俄克拉荷马城的火车站等候火车。他要从这里转车,回到自己的家乡。离火车到来还有好几个小时,他等得有些不耐烦了,于是就在那儿架起了自己的勘测仪器以消磨时间。让他意想不到的是,当仪器架好后,仪器上的计数表明车站地下蕴藏有石油。

这是一个多么惊人的消息！他不敢相信这是真的，纵然这个结果是从自己的仪器上得知的，他还是不敢相信。消极的心态已经彻底影响了他，让他走不出前几个月的阴影。他又换了个地方，仪器还是显示地下蕴藏有石油。他开始勃然大怒，一脚踢毁了自己那些仪器。他对着那堆损坏的仪器大声叫嚷着："我再也不相信这些东西了，这里不可能有那么多石油！绝对不可能！"他反复叫着，歇斯底里。

他最终没有理会这个结果，带着失业的落魄回到了家乡。他一直都在苦苦地寻找着石油，寻找着发财的机会，可是当石油就在脚下时，因为消极心态的影响，他却不肯去承认它，对自己发明的东西失去了信心。结果呢？他失去了这次获得巨大财富的机会。不久之后，人们就发现，俄克拉荷马城的地下埋有丰富的石油。石油的蕴藏量之丰富，让人瞠目结舌，可以毫不夸张地说，这座城就浮在石油之上。

成功和失败仅在一念之间，这句话在这个故事中表现得淋漓尽致。这一念，就是消极与积极。奥斯卡被前面的失败和挫折消磨掉了积极的心态，只剩下了消极的心态。他想当然地以为，依靠自己发明的仪器，根本不可能找到石油。消极的心态使他连自己也无法相信，更别说其他了。所以，当机会到来的时候，他只能遗憾地与其擦肩而过。其实只要他的心态积极一些，当仪器勘测出地下有石油的时候，他只需要积极地付出一些实际行动就可以了。他只需要乐观地想：不管仪器有没有问题，多试一次总不见得是坏事，兴许真的会有石油呢！这个"兴许"，很有可能就成为他成功的引子。

但是，因为消极的心态，他错过了这次机会，使得自己的生活越来越糟。

消极的心态会断绝我们生活中的希望，让我们失去奋斗的动力；消极的心态还会摧毁我们的信心，使我们失去希望的梦想。消极的心态就像是我们生活中的一剂慢性毒药，当时吃下去并不觉得什么，可是时间一久就会慢慢发作，会使我们的意志消沉，失去任何动力。当然，也会使我们离成功越来越远。

消极的心态是我们改变自己的最大敌人，当我们有了消极的心态时，不但会失去工作的兴趣与动力，更会失去改变自己的力量。我们会想：反正已经这样了，改变与否，有什么关系？当这样想的时候，已经很危险了，或许我们将很难改变自己。如果不能改变自己，又怎么去做好那些无法改变的工作？

请记住这句话：消极的心态会使一切越来越糟。如果我们想要快乐地生活，开心地工作；如果我们想要处理好那些无法改变的工作；如果我们想要在职场这片江湖中打拼出自己的一番天地；如果我们想真真正正地走上成功之路，那么一定要拥有一个积极的心态。积极的心态就如同传说中的灵丹妙药，食之会使我们的人生之路走得更加顺畅。

而消极的心态则是毒药，请敬而远之。

3. 需要端正自己的心态

生活中的各种事物，全凭我们如何去想。如果用健康、积极、快乐的眼光去看待身边的事物，我们就会觉得一切都是那么美好；如果用挑剔、消沉、悲哀的眼光去看待身边的事物，我们就会生活在绝望之中。没有了希望，就没有了发展的动力，就没有进步的可能。可以说，心态决定了我们的命运。

很多人都明白这个道理，知道积极的心态可以促使自己进步，消极的心态将会妨碍自己的发展。他们想要进步，想要发展，所以总是想方设法让自己的心态积极起来。可是，他们做了，却总是收效甚微。为什么会这样呢？这是因为他们不懂得去端正自己的心态。

还是以半杯酒为例，半杯酒放在面前，心态积极的人和心态消极的人都望着自己的这半杯酒。心态积极的人会想:我还有半杯酒,如果每天往里面再注入一滴,那么很快我就又有一杯酒了,所以很快他就又有了一杯酒。心态消极的人会想:我只剩下半杯酒了,不够我痛痛快快地喝一次,怎么办呢?于是他终日愁眉不展,而那杯酒却慢慢挥发了。一段时间之后,心态积极的人面前有一满杯酒,而心态消极的人面则只剩下了一个空杯子。看看,一念之间,结果就是这么不同。其实心态消极的人完全可以得到一满杯酒,只要他肯去端正自己的心态。这不是很难,只需改变自己的这"一念"。

有两个年轻人一起外出打工,一个打算去北京,另外一个打算去上海。在小城简陋的候车大厅里,他们相遇了,一起坐在长椅上等候火车。他们周围都是一些打算出去闯荡的人,大家七嘴八舌地拉起了家常。有人说:"我以前在上海工作过,上海人太精明了,外地人问个路都要收费。"大家一致点头附和。于是又有人说:"我刚从北京回来没有多久,这么说,还是北京人质朴啊,见吃不上饭的人,不仅给馒头,还送旧衣服。本来这次打算去上海呢,幸亏还没到,不然就是掉进火坑了。"大家纷纷议论,去过上海和北京的人,都表示同意。

说者无意,听者有心,这两个年轻人都留了心,思想起了变化。本来打算去上海的年轻人心想:还是去北京好,挣不到钱也饿不死,生活也有保障,幸亏没上火车,不然就惨了;本来打算去北京的人年轻人心想:看来还是上海好,连给人带路都能挣钱,还有什么不能挣钱的呢,幸亏没上火车,不然就失去一次发财的机会了。

于是,他们在退票处相遇了,原本想去上海的年轻人得到了去北京的火车票,原本想去北京的年轻人得到了去上海的火车票。不同的心态,带着他们走向了不同的道路。

到了上海的年轻人发现,上海果然是一个遍地都是黄金的城市,只要肯努力,只要能够吃苦,无论做什么都能赚钱。他把乡下人的勤奋带到了上海,快乐而充实地忙碌着。一段时间之后他发现,上海人很喜欢种一些花花草草,但是在城市里肥沃的泥土却成了稀缺产品。于是他灵机一动，用三轮车从郊区带过来一些肥沃的泥土，以“花盆土”的名义向那些没见过泥土的上海人叫卖。他的生意非常好，忙的时候一天可以挣100块钱。仅仅用一了年时间，他就依靠这些花盆土在上海挣得了一间小小的门面。

到了北京的年轻人发现，车站那些人说得果然没有错。他初来北京的一个月，人生地不熟，虽然没找到工作，但居然也没有渴着饿着。口渴的时候，他就跑到一家银行里面喝纯净水，肚子饿的时候，大商场里有点心可以白吃。他在心里感叹：幸亏当初没有去上海，不然哪能这么幸运，既饿不着也渴不着。

这两个年轻的人故事并没有到这里就结束，他们终于有了交集。

在上海打拼的年轻人依靠自己那个小小的店面，挣得了一些钱。有一天他外出办事的时候，发现了一个奇怪的现象，那就是一些店铺的外观很漂亮，可是招牌却是黑的。这是怎么回事？通过打听他才知道，一些清洁公司只负责清洗楼面却不负责清洗招牌。时间久了，很多店铺的招牌都是又黑又脏。他觉得这是一个机会，于是用自己的积蓄，很快就成立了一个小型的清洗公司，专门负责清洗那些店铺的招牌。因为他积极勤奋，又非常乐观，所以生意一发不可收拾。公司不仅在上海牢牢地站住了脚步，更延伸到南京和杭州等城市。他已经计划好了，下一步，将进军北京的清洗市场。

他终于来到了北京，想要考察北京的清洗市场。当他走出北京的火车站时，迎面走过来一个捡破烂的人，向他索要他手里的矿泉水瓶子。在递瓶子的时候，他愣住了，他也愣住了。因为在6年前，他们曾经换过一次火车票。

这是一个非常有意思的故事，两个出来打拼的年轻人，因为心态不同，而造就了不同的人生道路。很明显，他们两个人，一个心态积极，一个心态消极。在那个心态积极的年轻人眼中，什么都是好的，什么都充满了希望。别人谈虎色变的上海，在他看来却成了遍地是金的聚宝盆。而那个心态消极的人呢？他只看到了悲观消极的一面，他害怕上海人的精明会让自己没有饭吃，于是退缩了，选择了一个比较“稳妥”的办法。

其实无论是上海，还是北京，都会有很多挣钱的机会，他们的结果之所以会有如此大的差异，归根结底还是在于心态。心态积极了，无论在什么样的环境中，都能保持乐观、积极、奋斗的精神。他们不会怕失败，因为失败对于他们来说，也是一次很好的锻炼机会。可是心态消极了，无论在什么地方，他们也无法取得成功。因为他们的眼中，只有让人胆怯和气馁的困难，只有让人丧气的失望。即便有机会在他们面前，他们也无法捕捉得到。

所以，如果我们想要自己的人生走得漂亮一些，就一定要先端正自己的心态。那么怎么样去端正自己的心态？在工作中遇到问题时，我们要先想一想，为什么会这样？是什么样的原因导致出现了这样的问题？记住，一定要认真地寻找客观原因，因为只有这样，才能找到问题的根源。找到原因之后，要认真地分析思考，想出解决问题的办法。我们应该明白，在工作中，没有解决不了的问题，只有解决不了问题的人。所以无论什么时候，我们都应该明白：现在的问题不是最终的结果，一定还有更好的结果。人是一种很奇妙的动物，当对前路充满了希望时，就会燃烧起无穷无尽的斗志。而这些斗志，正是我们解决问题的利器。

简而言之，端正心态，就是要学会两面性地看问题。既要看到事情不好的一面，也要看到事情好的一面。千万不要因为一些不利的因素，就惶惶不可终日，消沉懈怠，这样下去，只能会使事情越来越糟。

我们要想改变自己，就一定要学会端正自己的心态。只要端正了自己的心态，我们就能好好把握人生，走向成功。想反，如果无法端正心态，总是让消极占据自己的内心，那么我们就只能羡慕别人的成功。

4.

换个角度看待自己的工作

美国汽车大王福特说：我喜欢积极的员工，因为他们一积极起来，便会调动顾客的积极情绪，生意便做成了。福特是个生意人，他的话当然很有道理，积极的员工不仅能带动顾客的积极情绪，还会使工作完成得更加出色。所有的老板都会喜欢积极的员工，这是职场中一个毋庸置疑的真理。

那么我们要想改变自己，一定要学会做一个积极的员工。

我们是一个积极的员工吗？很多人会无法回答，因为他们想到了自己在工作中是如何的无精打采和萎靡不振，还想到了自己非常厌恶目前的工作，这哪里是积极，而是非常的消极。在职场中很多人都会有这种心态，我们或许也有过。其实剖析一下，我们就会发现，这种现象产生的根源，在于我们对于工作的不满意。或许我们觉得工作不尽如人意，觉得工作不够完美，觉得工作太过于枯燥。总而言之，这时候的工作，在我们眼中就是一个“年老色衰”的妇人，再也无法引起我们视觉上的享受，于是我们自然而然地会以消极的心态去面对它。

我们当然知道以这种心态来工作是不正确的，因为就像福特所说，没有老板会去喜欢一个消极的员工。可是怎么办呢？工作已经无法引起我们的“兴趣”了，纵然我们再努力改变自己，再想让自己变得积极起来，也还是会对这样的工作失望和厌烦。怎么办？这个时候，我们需要换个角度来看待自己的工作。

陈雪是一名在美国工作的设计师，她所服务的公司是一家非常有名气的跨国广告公司。有一次，她被公司总部安排前往日本工作。刚来到日本，一切都很新鲜和有趣，她并没有感觉到什么。可是，一段时间之后她就发现，在日本工作实在是太辛苦了。因为日本是一个快节奏的国家，那里的工作环境非常的紧张和严肃，这让习惯了美国轻松、自由工作环境的她非常难以适应。

在这样的工作环境下，她的心情一天比一天糟糕。有时候她甚至会想：是不是自己来日本错了？或者自己本来就应该拒绝总部的安排，即便受到批评也比现在要好？这样想的时候，她发现自己的心情更烦躁了，每天面对那些自己熟悉的工作时，只想远远地避开。对于工作，她再也提不起任何的兴趣。

她认为自己这样下去，只能辞去工作。于是，她就向上司诉苦："这边的工作简直糟糕透了，我感觉自己就像是一条跳到了沙滩上的鱼，连呼吸都很困难！"她的上司是一位在日本工作多年的美国人，他完全理解她的感受。

上司问："在美国时你的工作很轻松，那么空闲的时间你都忙些什么？"

陈雪不好意思地说："除了一些应酬之外，大多数时间我都会在自己的家里看电视或者发呆。"

上司笑了，对她说："那么你应该感谢这次日本之行，因为这至少会让你明白，工作原来可以这样充实。其实你只要换个角度看待自己的工作，一切就会变得不一样了。"

陈雪恍然大悟：原来，因为工作环境的改变，自己一直都被一种消极的心态所左右。在这种消极的心态下，自己只感觉到了工作的忙和累，却发现不了其他好的东西。可是如果换个角度去看，却会发现，原来在这种快节奏的工作环境下，自己还可以学到很多东西。

这么一想，堆积在心中多日的不快马上一扫而光，她又开始以一种积极的心态，投入到了工作中。

是不是很奇妙？只是变换了一个角度去看待自己的工作，马上就拥有了积极的心态。陈雪也接受了一项无法改变的工作，她改变不了公司总部的决定，也改变不了自己日本的工作环境，她唯一能够改变的只有自己。可是怎么改变呢？她的工作是很忙、很累、很压抑，整日面对这样的工作,她实在是无法积极得起来。但是,经过上司的提点,她变换了自己所站的位置,从另外一个角度去看待自己的工作。在这个角度,她看到了,原来这又忙又累的工作,对自己竟然有莫大的好处。不用刻意去改变,这个时候,她的心态,已然由消极变为积极了。试想,又有谁发现了对自己有好处的东西时不欢欣鼓舞呢?

古人说:“一叶障目,不见泰山;两耳塞豆,不闻雷霆。”意谓我们经常会被眼前极其细微的事物所蒙蔽,而看不到事物的整体和本质。在工作中,我们的眼前也经常会有“一片树叶”,或者“两粒豆子”,因为这些微不足道的东西,我们常常会看不到一些重要的东西。在很多时候,恰恰是这些微不足道的东西,导致我们有了消极的心态,也致使我们丧失了前进的勇气。我们要想端正心态,就一定要学会拿开眼前的这些东西,不要让它们阻住了视线。

唐代著名的慧宗禅师非常喜欢兰花,平时弘扬佛法之余,他都会在寺院里侍弄自己收集来的兰花,非常的爱惜。

有一次,他又要出寺去弘法讲经,临行前,他特意吩咐弟子们看好寺院里那些兰花。对于他来说,那些兰花就是自己的孩子。

弟子们当然清楚他对兰花的喜爱,没有人敢怠慢,侍弄兰花非常殷勤。一天晚上,大家看天气非常的好,就忘记了把兰花从户外搬到屋子里。不过让大家没有想到的是,这天夜里突然狂风大作,暴雨如注,在大自然面前,只一会儿工夫,几十盆的兰花就变得支离破碎。第二天早上,风消雨住,弟子们看着满院破碎的花盆,面面相觑,说不出话来。大家都知道,这些兰花对师父来说意味着什么。

过了几天,慧宗禅师回到寺里,弟子们慌忙过来向师父请罪领罚。哪知道,慧宗禅师看到那些枯死的兰花,不仅没有生气,反而宽慰弟子们说:“为什么要责罚你们?我种那些兰花,一是希望用来供佛,二是为了美化寺里的环境,三是个人欣赏。这三条里面,可有一条是为了让自己生气的?”

众弟子凛然受教。

慧宗禅师实在是一个非常有智慧的人，他就轻而易举地拨开了挡在自己眼前的那片“树叶”，看到其后面隐藏的东西。不错，种植兰花是为了开心而不是生气。想想看，倘若换了另外一个人，看到自己最心爱的东西支离破碎，焉有不生气之理？可是慧宗禅师不仅不生气，反而去安慰那些失职的弟子们，可见他的心态是多么的积极。其实他能做到如此，也只是因为换了个角度看待问题。

在工作中，我们更加需要换个角度来看待自己的工作。觉得工作不满意了，那就换个角度再看看，一定有让我们满意的地方；觉得工作难度太大了，也换个角度再看看，一定会有可以轻松入手的地方；觉得工作太枯燥了，还是换个角度再看看，一定会找出对我们有用的地方。不要总是去盯着那些不好的地方，换个角度看看，我们会发现，原来这工作和自己想象中的不太一样。我们还会发现，这份工作原来还可以这样做。

这样想的时候，我们的心态就会自然而然地积极起来。

换个角度看待工作，我们会发现，原来让心态积极起来，并不是太难。

5. 积极地面对一切不如意

人生是什么？有个比喻形容得很贴切：人生就是一连串不如意的旅程。之所以要这样去形容人生，是因为只要活在世上，困扰和烦恼就会一直是生活的一部分，任何人都不能例外。古人说：“人生不如意事十之八九。”也是这个意思。生活中不如意的事，就如同我们饭后口中残余的食物渣滓，虽然讨厌，但却完全没有办法清除干净。

面对生活中这些不如意，我们大感头痛。所谓不如意，自然是指那些不符合我们心意的事情。考试的时候我们想要考满分，但却偏偏只考了60分；踢球的时候我们想要一脚射进球门，可是球却飞到了天上；工作的时候我们想要一个月后可以升为主管,可是一年之后还是一个小小的职员;本来希望老板会喜欢自己,可是却发现老板对我们很反感……太多了,如果可以坐下来细细地回想我们的不如意,相信一火车皮也无法拉得完。这些不如意的事总是和我们唱反调,让我们心生反感却又无可奈何。真的是无可奈何,想想也是,如果我们有办法解决自己生活中的所有不如意,那么世界岂不是乱了?

既然没有办法完全解决这些不如意,又逃避不了,那么就只剩下面对了。于是,在生活中或者是工作中,我们都需要经常性地面对这些不如意。所有人在这些不如意面前都只有两种面对方法,一种是积极,另外一种则是消极。从前面我们知道了,任何事情都有正反两个方面,如果可以积极地面对这些不如意,那么我们就能从这些不如意中找出一些好的东西来。我们甚至可以乐观地利用这些好的东西,把不如意的事变得合乎我们的心意。但是,如果是消极地面对这些不如意,那么事情就只能是越变越糟,这些不如意甚至会一发不可收拾。想想看,如果在冰冷的雪地里泼上一盆冷水会产生什么的效果?当然是结成更寒冷的坚冰。

举个工作中最常见的例子。如果我们是一个图书管理员,每天辛勤地工作,但工作的内容无非就是整理整理书籍。一天还好,一个月也还行,一年也还差不多,但是两年后呢?五年后呢?如果经年累月重复做这样的工作,那么肯定会觉得枯燥。在这个时候,这种枯燥的工作,已经变成了不如意。当然,这个时候我们就面临着两种选择了。一种是消极地面对这份不如意的工作,一种是积极地面对这份不如意的工作。消极的心态会引导我们这样想:这工作太不让人满意了,既枯燥又没意思,还没有前途,凑合干着吧!好吧,这一凑合,只能造就出一个整日无精打采,散漫懈怠的图书管理员来。在这样的心态下,我们就是再工作十年,还只会是一个图书管理员。只不过会从一个年轻的图书管理员变成一个年老的图书管理员,仅此而已。

那么如果可以积极地面对这种不如意呢?积极的心态会引导我们这样想:这种工作虽然有些枯燥,但不失为一个好的工作环境,因为可以有很多的时间来看这些书。在这种心态的带领下,我们会每天都看一些书,既减少了工作的枯燥和乏味,又获得了知识。那么用不了多久,我们就会变成了一个拥有丰富的知识的人。一个知识丰富的人,能长时间做图书管理员的工作吗？显然不能！

积极地面对一切不如意，就是这么有用。

一位满身尘土的邮差每天徒步奔走在乡村之间。他的工作非常辛苦，每天要跑很远很远的山路，为村民们收发信件。无论是刮风下雨，还是烈日当头，他都会不停在奔走。他感觉很累、很枯燥，但是没办法，为了生活，他不得不继续从事这份工作。

他开始想办法让自己开心起来，让自己工作的劲头更足一些。在有空的时候他会和村民们聊天，看着他们急切地拆开自己的信件，他感到很骄傲、很满足。但是这样的骄傲和满足只是让他保持了一段时间很开心，当这种开心和积极被日复一日的枯燥工作掩盖以后，他又开始感觉到沉闷和烦躁。怎么办？

有一天，他在送信时，被崎岖山路上的一块石头给绊倒了。当他从地上爬起来，拍拍身上的尘土打算离开时，忽然被绊倒自己的那块石头吸引了。那块石头很漂亮，像一幅立体的画。他捡起那块石头，左看右看，爱不释手。因为舍不得扔，他就把那块石头放进了自己的邮包里，背着它开始了工作。

当他到村子里给人送信时，有人发现了他邮包中的那块石头。大家很好奇，就问他为什么要背着一块沉重的石头走这么远的山路。他拿出石头对村民们说："看，这块石头多漂亮！你们难道没有发现这块石头很美吗？"

村民们笑了，有好心的村民对他说："快把这块破石头扔了吧！你每天要走那么多的山路，这块石头可是个不小的负担。"

他不肯扔，拿起石头向村民们炫耀："这么美丽的石头，你们见过吗？"

哄的一声，村民们都笑了。有人告诉他："你不住在这里，不知道也不奇怪。你手里拿的这种石头，附近山里到处都是。如果真的想要，你捡一辈子也捡不完。"

他听了，没有觉得尴尬，反而生出了一种奇怪的念头：既然这份工作这么枯燥，那么为什么不想办法让工作变得有趣一些呢？如果可以每天都捡一些美丽的石头，然后用这些石头建造一个城堡，那么这个城堡将会是多么的迷人和美丽啊。而且，如果加入了这个梦想，那么邮差的工作一定会变得有意思起来。

不过，当他把这种想法告诉村民们时，大家都笑话他："这个人疯了。"

尽管被人嘲笑，他还是积极地开始了自己梦想的征途。每天送信的途中，他都会找到一块美丽的石头，然后带回家。有了这样一个梦想，他的工作变得不再枯燥，而是充满了希望。他知道，只要朝着这个希望努力，终会有实现的一天。

很快他就收集了一大堆奇形怪状的石头，但是如果想用这些石头来建筑城堡，还远远不够。为了可以收集更多的石头，他开始推着独轮车坚持送信。这让他的工作更加辛苦，但是他却乐此不疲。他的内心已经完全被这个美丽的目标激活了，焕发出勃勃生机。

很多人都认为他的精神出了问题，因为他的所作所为让人们无法理解。但是只有他的心里最清楚，自己很快乐。在 20 多年的时间里，他不停地寻找石头，搬运石头，堆积石头。在他住的地方，从没有石头到慢慢有了石头，再到慢慢有了城堡的雏形，再到城堡巍然矗立，人们开始吃惊了。当地所有的人都知道有这么一个邮差，在默默地建筑自己的城堡。

他的城堡建成了吗？1905 年，法国一家报社的一名记者偶然路过这里，发现了这座美丽的城堡。这座奇异的城堡让他叹为观止，他拍下了照片，并专门写了一篇报道介绍这座城堡。文章发表以后，举国震惊，很多人都像潮水一样涌来参观这座城堡。

这名邮差叫作薛瓦勒，而这座城堡就是如今法国最著名的旅游景点之一：邮差薛瓦勒理想之宫。在城堡的门口，静静地立着一块石头，就是这块石头在当年绊倒了薛瓦勒。这块石头上写着这样一句话："我想知道一块有了愿望的石头能走多远。"

这块石头能走多远？显然很远很远，它走进了所有人的心里，走出了一个平凡人的不平凡的一生。其实这块石头并没有带给薛瓦勒什么，是他自己用这块石头作为武器，积极地面对了工作中的不如意。邮差的工作，带给了薛瓦勒很多的不如意，不仅苦累，而且枯燥。但是，他却没有为此灰心丧气，得过且过，消极面对，而是积极地为自己找到了个振奋的理由。因为有了这个理由，他的工作又多姿多彩起来，他的生活又快乐起来。

虽然，他依然很苦很累，但是心态却不一样了。他很开心。

人们看待问题的态度总是有局限的。但是，如果我们可以静下心来，从工作中那些不利的因素之外去寻找，往往就能够看到蕴藏在事物深处一些让我们积极的因素。也许从表面上看，这样的工作会索然无味，甚至令人厌倦。但深入进去，我们会发现，想要快乐地工作，原来也并不是太难。

真的不是很难，只要我们能够以积极的心态去面对一切不如意，那么就一定可以让自己的心灵引擎沸腾起无穷的能量，继而推动自己的进取心和创新意识。如果可以这样，即便是在再平凡的岗位上工作，我们也能创出不平凡的成绩。

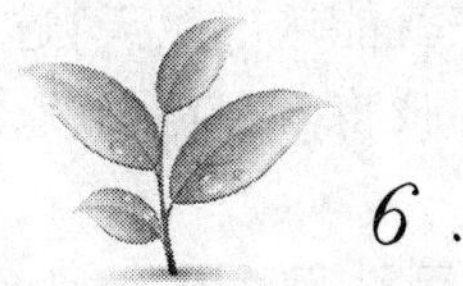

6. 积极的心态是力量之源

1967年，美国心理学家塞利格曼在研究动物时提出了一种心理现象，叫作“习得性无助”。他用狗做了一项经典实验：把狗关在笼子里，当蜂音器一响时，就用电流电击狗，无论狗怎样上蹿下跳，都免不了被电击的厄运。多次实验之后，当蜂音器再次响起的时候，他悄悄打开了笼门，这个时候并没有电击，但是狗却不逃出来，而是倒在地上开始呻吟和颤抖。

这个实验非常出名，后来又有人用猫、老鼠，甚至是蟑螂来做同样的实验。结果得出的结论是,一旦经历自己无法控制的打击,它们最终都会接受这种打击,而不再试图逃避。人类也是如此。可以说,这就是一种非常消极的心态。但奇怪的是,在经历过无法逃避的打击之后,总有大约1/3的人永远都不会陷入无助、灰心、绝望的境况,他们总能站起来。这样的人,便是拥有积极心态的人。

积极的心态是力量之源。想想看,我们身上有没有出现过这种情况:在公司里因为失去了积极的心态,所以认识不到自己工作的重要性,甚至会对自己的工作产生厌恶情绪。于是乎,我们每天都会带着厌恶、反感和排斥的情绪工作,更不愿意在工作中学习任何东西。在我们的身上出现过这样的情况吗?这样的情况之所以会出现,就是因为没有积极的心态给我们力量,我们身心都会出现一种"软绵绵"的奇怪现象,提不起一丝奋斗的动力。当然了,这种情况导致的后果就是不但浪费了时间,还耗费了精力,而且还没有取得任何进步。我们甚至还会像"习得性无助"实验中的那只狗一样,一遇到困难和危机,就会倒在地上呻吟和颤抖,没有一丝"求生"的念头。

只有拥有积极的心态,我们才会一切都向着好的方面去看。也只有拥有积极的心态,我们才会有力量迎接困难,克服困难。那只倒在地上的狗,如果拥有了积极的心态,它就会知道,再试一次也许就能逃出生天,逃出去就不会再受到电击的折磨。这样想的时候,它的四肢将不会再柔软,而是会充满了奔跑的力量。

一位哲学家说过:"不论你身边有任何工作,都要尽心尽力地去做。这样,你每天才会取得一定的进步。"其实哲学家所说的尽心尽力,就是一种积极的心态。积极的心态是力量之源,有了力量,进步也就成为了必然。

古时候有一位国王,非常的迷信,他相信梦境能预示未来。有一次,他做了一个梦,梦见山倒了,水枯了,花儿也谢了。于是,他就找王后来解这个梦。

王后听完他的诉说,大吃一惊,对国王说:"大势不好!山倒了是指江山要倒;君是舟,百姓是水,水枯了指的就是百姓离心;花谢了指的是好景不长。这样看来,咱们的国家有危险了!"

国王听罢，惊出一身冷汗，于是日夜担心国家的安危。无论大臣报告什么小事，他都会联想到国家的危亡上。他的担心越来越严重，到了最后，已经变得草木皆兵，每天都忧心忡忡。在这种消极心态的影响下，没过多久，他就病倒了，而且还越来越严重。

大臣们很着急，于是遍请名医为国王医治。可是很多名医都看过了，国王的病还是没有一点起色。

有一天，一位大臣来探视国王。国王在病榻上向这位大臣讲述了自己的梦境，并说出了自己的担忧。哪知道，大臣听完国王诉说自己的梦境，却哈哈大笑起来。他笑着对国王说："陛下，这个梦太好了，您为什么还要担心呢？山倒了，预示从此以后天下太平；水枯现真龙啊，陛下是真龙天子，这说的正是您啊；至于花谢，这就更妙了，花谢之后才能见果子啊！"国王一听，这的确是很好的兆头，心中非常开心。

没过多久，他的病居然不治而愈了。

积极的心态有多大的力量？这个故事中的国王给了我们最好的答案，消极的心态带来了疾病，而积极的心态却可使疾病不治而愈，更会使人心情舒畅。我们可以给这个故事续一部分，那就是在这个国王的带领下，这个国家肯定会越来越好。原因无它，因为心态积极了，所以他会充满了力量。

美国潜能成功学家罗宾说："面对人生逆境或困境时反持的信念，远比任何事都来得重要。"这是因为，积极的心态给人奋斗的动力，而消极的心态则会束缚住人的手脚，使人怯于前进。美国成功学学者拿破仑·希尔也曾说过："人与人之间只有很小的差异，但是这很小的差异却造成了巨大的差异！很小的差异就是所具备的心态是积极的还是消极的，巨大的差异就是成功和失败。"其实拿破仑·希尔的话还可以用一个很形象的比喻来加以印证：火箭升上天空的时候，积极的心态就是那巨大的反冲之力，而消极的心态则是来自于地心的引力。如果让消极的心态占了上风，那么火箭就无法升上天空；如果让积极的心态发挥出作用，那么火箭就可以一飞冲天。

积极的心态是一个人的力量之源,如果没有了积极的心态,那么我们将一事无成。

在职场中,我们总会遇到一些自己无法改变的工作。这个时候我们需要改变自己,以适应那些无法改变的工作。我们知道,改变自己的第一步,也是最重要的一步,就是要端正自己的心态。而端正心态最重要的一步,就是要学会用积极的心态去面对一切。工作不顺利,积极去面对,那些不顺利自然会烟消云散;工作不开心,积极去面对,那些不开心很快也会变没有了。积极的心态是一种难能可贵的力量,只要拥有了这种力量,我们在职场江湖中就可以所向披靡,战无不胜。

想要改变自己,就从端正心态开始。学会用积极心态的去面对一切困难和挫折吧!我们可以!

第三章

改变思维，拆掉旧墙才能走上新路

每个人都有一套属于自己的思维模式。思维模式的不同，往往导致人们会走上不同的人生道路，优秀的思维模式会指引人们快速地向前发展，而落后的思维模式则会阻碍人们向前发展。所以，很多人如果想要改变自己，就必须要学会改变自己的思维模式。可是，固有的思维模式真的容易改变吗？当然不容易！这就如同让习惯了穿白色衣服的人改变审美观，转而喜欢黑色衣服一样有些难度。但是难度归难度，如果不打破固有的思维模式，我们将很难改变自己。只有拆掉了困住思维的墙，我们才能走上新的道路。

1. 你是一个固执的人吗?

固执是一种坚持己见,不懂变通的心理现象。在生活和工作中,固执的表现为缺乏民主作风、一意孤行,只相信自己而不相信别人。一个固执的人在认知过程中很难将客观与主观、现实与假设很好地区分开来。他们会将自己的种种经验驾驭在现实之上,过分固化,并执迷不悟。

很多时候,固执会给人一种很有个性的感觉,因为固执的人总是在坚持自己的理念。他们认为是对的,就是对的,无论别人怎样反驳,怎么解释,他们都不予理会。事实上他们所想的到底是不是正确的呢?其实连他们自己也无法知道。所以在很多时候,固执的人还会给人一种感觉,那就是顽固不化。

固执的人大多还喜欢自以为是,他们会很轻易地就得出了一个结论,然后认定这就是最终的真理。如果别人有不同的看法,他们只会认为是别人出了问题,却从不考虑自己。他们总是会斜着眼睛去否定别人、轻视别人,甚至对别人产生偏见,但却从来不喜欢检讨自己,看看自己的想法是否是真的正确。

其实固执的人,最大的缺陷是不肯改变自己固有的思维,去接受新的事物。他们总认为自己的思维是最佳的,只要按着自己的思路走下去,就一定会得到最完美的结果。其实呢,他们对新事物根本就不了解,只会煞有介事地说出一大堆自己凭空想象的局限和不足,然后加以批评和指正,俨然自己就是一个货真价实的专家。他们会坚持认为菊花比桂花香,即便闻不到什么香味,那也只是风把香味吹走了;他们会坚持认为生儿子比生女儿好,即使女儿成了名人,他们也坚持认为那只是上帝开的一个玩笑。总之，无论对错，他们总会坚持自己的思维模式，从来不肯轻易改变。

其实固执的本意是“择善而固执”，是坚持原则，是坚持不懈，是“诚”的表现。如果是这样一个固执的人，那么他可以算得上是一个“目标坚定”的人，因为他们从不肯轻易改变自己的路子。如果他们坚持走的道路是正确的话，确实可以这样称呼他们。但是，如果不知道“择善”，明知道那条路行不通，还要继续走下去呢？那么他们就只能是一些最不明智的人。

我们是一个固执的人吗？当我们接受了那些无法改变的工作时，当我们想改变自己时，我们是否想过，要改变一下自己的思维模式呢？在很多时候，只需要改变一下原有的思维模式，做一下变通，我们就会豁然开朗，解决掉那些苦苦思索多日却无法解决的难题。但是，想要拆掉旧墙，做一下简单的变通，却成了我们的一个大难题。因为我们被固有的思维模式给捆住了，无论怎么挣扎也挣扎不开。于是我们开始赌气，决定还是按照老路走，但是这一走，却害苦了我们。此路不通！

很多时候，变通是人们在无数固执中吃尽了苦头后，才学会的一种立身处世的思维方式。

经济学中的博弈论里面有一个十分有意思的博弈模型，叫作“智猪博弈”，其故事是这样的：

在一个笼子里有两只猪，一只大，一只小。这个笼子被设计成长方形，中间有着长长的通道。在笼子的一头有一个踏板，而另一头则是饲料的出口和食槽。如果猪想吃到饲料，就必须先到另外一头去踩踏板。每踩一次踏板，就会从饲料出口落下少量的食物。

两只猪都想吃到饲料，往往一只猪去踩了踏板，另一只猪就会抢先去吃落下来的饲料。刚开始的时候，两只猪都有着自己固定的思维模式，那就是只有自己去踩踏板，才会有饲料吃。于是，大猪和小猪都争着去踩踏板。但是这样的做法却产生了不同的结果：当小猪踩动踏板的时候，大猪会在小猪跑到食槽前吃光所有的食物；当大猪踩动踏板的时候，它还有机会在小猪吃完落下来的食物之前跑到食槽，吃到一点食物。

对这样的方式大猪乐此不疲，因为无论是谁去踩踏板，它都能吃到食物。但是小猪可不行了，如果是它去踩踏板，那就只能饿着肚子。那么两只猪分别采取了什么样的策略？结果很有意思，只有大猪去踩踏板，而小猪则舒舒服服地趴在食槽旁边，等着吃食物。

在这个故事中，小猪显然是个非常聪明的家伙。它没有固执地走“踩一下踏板，才能吃到食物”的老路，而是改变了自己的思维模式，重新选择了一条更为省力，也更为有效的路子，等在食槽边就可以了。这个道理其实很简单：大猪不会不去踩那个踏板，因为即便是小猪一直等在食槽旁边不去踩踏板，大猪仍然可以吃到食物。所以无论如何，大猪都会去踩踏板，而“等着吃”则成了小猪最好的选择。

从这里，我们可以看出，改变固执的思维模式有多么的重要。在很多时候，同样的事情，我们只需要把固执收起来，稍微改变一个思维模式，就会变得非常简单。千百年来，“守株待兔”故事中的那个人，受尽世人的嘲笑，可是我们想一想，上面故事中的小猪，是不是也在“守株待兔”？当然是的！只是，情况稍微有些不同而已。生活中的事物都在瞬息万变，固执地去走老路，只会使事情越来越糟。我们要学会视情况而定，打破旧的思维模式，用变通的思维去思考新的事物，唯有如此，才能更加行之有效地解决问题。

我们总是想要改变自己，改变自己就一定要改变思维模式，好好思考一番，我们是否还是一个固执己见的人？坚持自己的意见是好事，但却一定要学分区分。如果不能“择善而固执”，那么尽量还是学会变通一些为好。很多时候，稍微一变，我们就能从阴天看到晴天。

但愿我们都不是一个固执的人！

2. 上山的路不是只有一条

罗马典故中有一条谚语叫作“条条大路通罗马”，中国也有同样的谚语“条条大路通北京”。无论是罗马也好，还是北京也罢，其代表的仅仅是一个目的地。这也就是说，通往一个目的地，往往会有很多条道路。那么，在工作的时候，我们的目的地是什么？是不是最漂亮、出色地完成工作？当然是的！所以这个时候我们也可以说，通往我们工作的目的地的道路，也有很多。

我们都有过上山的经历。在那崎岖的山路上，我们都是沿着一条山路走上去的吗？如果中途换了条道路，我们能否爬到山顶？这些问题我们当然可以轻松回答，因为我们有切身体会。可是一旦换种问法，也许我们就会哑然了：工作的时候，我们是否固执地走着一条老路，不肯去换？如果换了一条道路，我们是否还能很好地完成工作？

相信很多人都不知道应该怎样回答这个问题，因为在工作的时候，他们从来不愿意换条路走。他们习惯了一成不变地走着同一条路，机械地重复昨天的工作。他们坐在固定的位子上，采用惯用的工作方法，翻看着同样的书。只要是类同的工作，他们就会采用固定的思维模式，就算是开始有些不顺手，也没有关系。他们的工作方法可以用“模板”来形容，因为千篇一律，几乎是一模一样。

如果一切顺利，这种工作中的思维模式并没有什么。可是，一旦工作遇到阻滞了呢？很多人还是会走同样的老路，实在走不通了，就开始硬闯。固有的思维模式在他们的思想里扎下了根，他们以为，只有老路才是解决问题的根本方法。可是，真的能解决问题吗？事实证明，运用固有的思维模式，他们始终无法很好地解决问题。因为这种固有的思维模式，就像是一台过了时的机器，无论怎样去调整，都会有缺陷和漏洞。唯一的解决办法，就是改变固有的思维模式，从另一个方面寻找突破口。

我们一定要明白,上山的路并非只有一条。

传说中,在一座高山的顶峰,有一个很大的宝藏,谁能够得到它,就能一生无忧。很多人都想去试试运气,但最终却是无功而返。

有一个年轻人也想去试试运气,他来到了高山的山脚下。在山脚下有一位卖茶水的老人,年轻人就过去向老人问路:"老大爷,这山上有一个宝藏,一定有很多人来寻宝吧!大家都是从哪条路上去的?"

老人笑了,停下手里的活,对他说:"小伙子,你看清楚了,这山虽然很高很大,但四周都是峭壁,能上山的路只有峭壁中间的这道裂缝。这裂缝是唯一可以上山的路,所以上山寻宝的人,都会走这一条道路。"老人边说,边给年轻人指明了道路。

年轻人按照老人指的路,开始向高山上攀登。过了两天,他满脸颓废地出现在老人面前:"老大爷,这条路也太难走了吧!我按照你指的道路,根本就无法走到山顶。我走了两天的时间,走得尽是一些坎坷不平的道路,而且根本就无法走出这些坎坷。"

老人没有理会年轻人的抱怨,而是自言自语地说:"两天时间算什么,有些来寻宝的人,进山走了10天才回来呢!"

年轻人心中一动:是啊,自己才走了两天,难怪走不到山顶,看来是没有下苦功夫啊!他告别了老人,又开始向高山进发。

这次,他整整离开了20天,才风尘仆仆走回到了老人面前。一见到老人,他就大声嚷了起来:"老大爷,你指的这条路,是不是不对啊!我进山后按照你指的路,一直向前走,花5天的时间走过了那些坎坷。可是坎坷的前面,却布满了荆棘。我没有停住脚步,而是披荆斩棘地前进,可是一直又前行了5天,还是没有走出荆棘。我的干粮也快吃完了,只好返了回来。我感觉你指的这条路,根本就无法通向山顶。"

老人笑着说:"你来回才花了20天的时间吧!我曾经记得,有人回来的时候,已经过去了3个月。"

年轻人问道："那么，花了3个月的那个人，到达山顶了吗？"

"当然没有！也许是他下的工夫还不够！"老人如实回答。

年轻人开始深思起来：既然有人花了3个月的时间都无法到达山顶，那么就说明这条路并非像传说中的那样，是通向山顶的唯一道路。与其花3个月的时间再来一次无功而返，我还不如在附近找找，看看还有没有别的道路。

他不顾老人的反对和嘲笑，暂时放弃了从这条路上山，而围着这座高山，开始寻找别的道路。经过半个月的努力，他终于在山另一面的峭壁上，发现了一个很小的岩洞。通过这个岩洞，他很轻松地攀上了山顶。

山顶上什么也没有，只是在中间的一块大石头上刻着这样一句话："当你学会通过其他道路攀上顶峰的时候，其实已经获得了最大的财富。"

他恍然大悟：原来，那个所谓的"上山之路"根本就无法通向顶峰。而懂得了"变通"的智慧，其实就等于得到了人生最宝贵的一笔财富。

每一座山峰都会有许多条路可以到达，只要我们肯改变固有的思维，学会去积极地寻找，就一定可以找得到。就算遇到像上面故事中那样的高峰，看似只有一条上山的道路，但是只要我们可以打破固有的思维模式，就一定会寻找到其他上山的途径。也许那条路不一定是最好的，但它确实可以帮助我们实现自己的愿望。

当在工作中遇到了难题的时候，我们想过换条路吗？我们是否还让自己的思维，停留在那座围城里面？我们一直在嚷嚷着要改变自己，那么要想改变自己，就应该拆掉那些旧思维的墙，学会寻找一条新路。或许在刚开始的时候，新的道路会没有原来的道路好走，但是慢慢尝试着走过去，我们就会发现，原来这也是一条上山的捷径。

当工作无法改变的时候，我们还需要去完成工作，所以我们要改变自己。记住，当我们在改变自己的时候，这无形的思维模式，会是我们有力的武器。打破旧墙，我们就能冲出围城，去适应那些无法改变的工作；如果无法打破思维的墙，我们则只能在原地打转。如果无法打破思维的旧墙，我们会像一只追着自己尾巴咬的小狗，虽然忙忙碌碌，但是忙到头，除了晕头转向外，终会一无所获。

无论是什么样的山，上去的路永远不会只有一条。

3 .

撞上南墙，疼的是自己

佛说：不撞南墙心不死。意思就是说有些人行为固执，听不进不同的意见。这些人会认准了一条道走到黑，任谁劝也不行。他们只相信自己，所以在很多时候，他们只会在“南墙”上撞疼了脑袋之后，才会猛然醒悟：原来自己的坚持是错误的！只是在这个时候，这些撞上“南墙”的人，大多都会受到伤害，甚至会伤痕累累。

可以说，是因为固执，他们才撞到了“南墙”上。虽然他们最终知道了自己的错误，但是却撞疼了自己。以疼的代价，换来醒悟的结果，值吗？大多数人都会认为，这很值得。因为无数人都在说，“失败是成功之母”“吃一堑方长一智”，虽然撞疼了自己，但毕竟是知道错了，当然值得。这话很有道理，但是，倘若原本不需要“撞上南墙”就能把事情做好，这样还值吗？这样当然不值。此时候再来看，这个“撞上南墙”根本就是画蛇添足，不仅多花了工夫，还失去了美酒。“值”从何来？

当然，没有人可以未卜先知，知道前面一定有那么一道墙。但是请记得，在我们向前猛跑的时候，已经有人告诫我们了。是固执，让我们在明知有一道墙的情形下，还是硬撞上去。疼了，怪不了别人，只能怪自己。怪自己太过于固执，不知道变通。

其实，要想不撞疼自己，我们只需要改变一下自己固有的思维模式，收起自己的固执，稍微变通一下就可以了。也就是说，在撞上“南墙”之前，我们要改变一下思维模式，多考虑几种可能性，即便是不太相信别人的告诫，也先想好应对的措施。这样是不是就会好上很多呢？

有一个很多人都耳熟能详的故事是这样讲的：

在一个村子的教堂里，住着一位虔诚的神父。有一天，下了一场非常大的雨，大雨导致山洪暴发，水很快向村子涌来。这个时候，神父正在教堂里虔诚地祈祷。

洪水的来势很猛，很快就淹到神父跪着的膝盖上了。这个时候，一个救生员驾着舢板来到了教堂。他看到神父还在水中，于是对大声叫道："神父，赶快上来吧，如果不能尽快跑到高处，等一会儿洪水大了，会把你淹死的！"但是，这个神父却非常的固执，不肯跟随救生员一起走。他说："不用管我！我相信上帝一定会来救我的，你先去救别人好了。"救生员只好无奈地离开。

洪水上涨得很快，没过多久，就已经淹过神父的胸口了。没有办法，神父只好站在教堂的祭坛上。正在这个时候，又有一个救生员开着快艇来了。他发现了神父，马上大声喊道："神父，快上船跟我走吧！这洪水上涨很快，再晚一会儿，你会被淹死的！"固执的神父还是不愿意离去，他说："没关系，我要守住我的教堂！上帝会派人来救我的，你先去救别人好了！"

又过了一会儿，上涨的洪水淹没了村子，也淹没了教堂，整个教堂就只剩下顶端的十字架还露在水面上。为了逃命，神父只好爬到教堂的顶端，紧紧地抓住十字架。这个时候，一架救援的直升机缓缓地飞了过来。飞行员很快发现了神父，丢下绳梯后大声叫道："神父，请快些上来，洪水还在上涨，这是最后的机会了！"这位固执的神父还是回答说："不！我是不会跟你离开的。我要守住教堂，等着上帝来救我。你还是先去救别人吧，上帝与我同在！"

飞行员还想继续劝说，一个大浪打过来，把神父淹没了。神父死后，他的灵魂上了天堂，见到了上帝。他很生气地质问上帝："上帝啊！我是您虔诚的信徒，终生奉献自己，战战兢兢地侍奉您。可是，在危急的关头，您为什么不来救我？"

上帝无奈地说道："谁说我不肯救你？我总共有三次试图想

要救你。我先派了一个舢板去救你，但是你很固执地拒绝了。我以为你怕舢板危险，于是又派了一艘快艇去救你。可是，你又固执地拒绝了。我以为你晕船，于是又派了一架直升机去救你。只可惜，你还是固执地拒绝了。我以为你是急着想回到我的身边，所以就把你唤回来了。”

故事中的神父，显然是一个典型的“不撞南墙心不死”的固执人。他不知道变通，固执地坚持着自己的想法，认为上帝会来救自己，就一定会来。可是他却忘记了，就算真的有上帝，就算上帝真的会来救自己，就一定会亲自来吗？只需要稍微变通一下，他就会知道，上帝救自己的方式可能会有多种多样。但是他却没有变通，而是固执地坚持自己的想法。结果是，他“撞上了南墙”，撞疼了自己，丢了性命。

要打破旧思维的墙，找出一条新路，才能获得一个全新的自己。其实很多时候，在我们前面明显就有那么一道“墙”，我们只要变通一下，就完全可以避开。就像故事中的神父，他应该想得到固执下去的后果，要么被淹死，要么被上帝拯救。即便是再相信上帝会来拯救自己，也要做好万一的准备，万一上帝忙了呢？那自己岂不是要白白淹死？如果肯这样想的话，他就会稍微变一下，做一个折中的选择：在危急关头，先救自己，再等候上帝的到来。如果是这样，他完全会有不一样的结局。

工作中，我们往往也会遇到这样的事。遇到难题了，我们一定要用某种固定的方法去解决，原因是以前都是用这种方法解决的；遇到困难了，我们一定要得到同事的帮助才能放心，原因是自己从来没有独立完成过这件事情。但奇怪的是，那种惯用的方法不灵了，同事的帮助也没有很好地完成工作。这是为什么？很简单，世事皆在变，我们不能一成不变、墨守成规。不学会随着世事的改变来变通自己，必定会撞上那道堵在老路上的墙。当然，撞疼的只能是自己。

我们要想改变自己，就一定要学会在在撞上“南墙”之前，打破自己固有的思维模式，听听别人的告诫，多找出几条前进的道路。慢慢摸索着前进，这条路行不通，那就回过头来再换一条。千万不要使劲往那“南墙”上撞，多疼啊！

4.

改变旧的思维模式

几乎所有的人都是习惯于用右手写字,偶尔有用左手写字的人,则会被别人看作“异类”。我们当然也是习惯用右手写字,但是有一天,倘若我们必须要换成用左手来写字,会怎么样?毫无疑问,我们肯定会不适应,非常难以习惯。原因很简单,因为我们一直都在用右手写字,这是习惯。旧的思维模式也就好比是我们的那些习惯,想要改变确实很难。但这并不是说完全无法改变。想想那些因意外失去右手而改用左手写字的人,我们就会发现,只要肯努力,左手同样可以写出漂亮的字来。

在很多时候,旧的思维模式并非无法改变,而是我们不愿意去改变。我们总是习惯了按照旧的思维模式,用同样的方法,走同样的路。我们的思维产生了惰性,不愿意去做那些改变。我们会想,现在不是好好的嘛,为什么要改变?确实,在大多数时候,我们并不需要改变。可是,一旦我们因意外失去了“右手”呢?或者,一旦因为种种原因,我们无法适应那些无法改变的工作了呢?改还不改?

这个时候,如果无法改变旧的思维模式,我们就无法成为一个有用的人,也很难去适应那些无法改变的工作。这个时候,那些平日我们非常熟悉的工作,也开始变得陌生起来,让我们无所适从。只有改变旧的思维模式,学会从新的角度找到解决问题的方法,我们才能随着工作一起进步,慢慢适应工作的需要。

改变旧的思维模式,的确非常重要。

有一位盲人夜间出门,他提出一盏非常明亮的红灯笼走在昏暗的路上,手中的棍子嗒嗒嗒地击着路面,越走越远。路上行人很多,大家看到他一手拄着棍子,一手提着灯笼,摸索着向前进的模样,都感到既好笑又奇怪。很多人都认识他,知道他是盲人。

一位路人听见同伴们议论，知道了他是盲人，忍不住好奇地上前问："大哥，您的眼睛不方便，用棍子引路也就是了，可为什么还要提着这灯笼呢？它对您有什么用呢？"

盲人停住了脚步，认真地说："有用有用，当然有用了！而且用处还非常的大！"

这位路人听了更加好奇："有什么呢？您能说来听听吗？"看着越聚越多的行人，他忍不住又嚷了一句："您又看不见！"

这时很多路人都聚在了周围，他们对这个奇怪的事情非常好奇，也想听听盲人怎么回答。他们想：这只是个可怜的盲人，他提着灯笼，只是自欺欺人，想安慰一下自己罢了。

没想到，这位盲人却认真地回答："没错，我是看不见。可是，正是因为我看不见你们，所以才需要这盏灯笼给你们这些明眼人照明啊。在黑暗中有了这盏灯笼，你们就不会撞到我这个盲人了。"

大家一听，豁然明白，无不被这个聪明的盲人所折服。

如果按照旧的思维模式，盲人走路，总是要想方设法地探知别人的所在。如果可以知道前面走过来一个人，就可以及时避开，而不至于被人撞到。因为眼睛不便，所以盲人都会使用各种方法去听，或者是去感觉，以使自己可以正常行路。但是这位盲人，却打破了旧的思维模式，而是从另一个角度去看：自己看不见路人，但是却可以想办法让路人看到自己，一盏灯笼，很好地解决了问题。

可以看出，只需要改变一下旧的思维模式，确实效果大不一样。

一家大型的制鞋企业派了一名推销员到一个岛屿上去推销公司里的鞋。这名推销员到了岛屿上之后，大吃一惊，因为他发现这个岛上的人根本就没有穿鞋的习惯。这还得了？如果鞋运到这个岛上来，岂非连一双也卖不出去？想到这里，他赶紧给公司发了电报，告知上司：鞋子千万不要运来！这个岛上不会有销路，因为每个人都没有穿鞋的习惯。

公司高层不死心，因为据他们所知，这个岛屿上的人口不少，怎么会没有销路？于是，他们又派了一名推销员到了岛上，希望其再考察一番。第二个推销员一到岛上，就发现了所有人都不习惯穿鞋这一事实。但是，这个事实却让他欣喜若狂，他想：这还了得！每个人都不穿鞋，那说明这个岛屿的销售市场有多大啊！他马上发电报回去，告知上司：赶快把鞋子空运过来，这里的销售市场太大了！

结果怎么样？结果是，鞋子运来，这名推销员稍一用力，马上出现了销售热潮。自然而然，这名推销员获得了成功。

在这个故事中，出现了一个非常明显的对比。两名推销员，一名习惯于沿着旧的思维模式走，而另外一名，则能聪明地改善自己旧的思维模式。没错，如果按着旧的思维模式，鞋子在这个岛屿上的确没有什么销路，因为人人都没有穿鞋的习惯，那又有谁会去买呢？可是，这只能是旧的思维模式。如果聪明地加以改变，就出现了第二名推销员的想法：正因为人人没有穿鞋的习惯，所以人人都没有鞋子，所以才有人人都会购买的可能。顺着这样的思维模式走下去，那鞋子热销自然也就没有问题了。

由于种种主观、客观的原因，以及我们观察事物的局限性和分析事物的片面性，所以在我们的头脑中往往会形成很多片面性概念和意识。而这些片面性的概念和意识往往又会被围上彩色的光带，这些彩色的光带会给我们以假象，会给我们一种奇妙而合理的假象。同时，由于我们的经历、学识和所处的社会环境不同，对同一事物也会得出不同的结论。于是在很多时候，我们都会固执地认为，自己所看到的假象是最合理的现象。这就成了我们最坚持的思维模式。我们会想当然地认为，自己所想的就是正确的。当然了，旧的思维模式在一些时候也能带给我们正确的结果，可是当周围的事物发生变化的时候，它却会变成一个笼子，阻止我们前进。这个时候，我们就需要改变。

改变很简单。其实人们对客观事物看法的不成熟总是在不断地修正，由于人的大脑处于无休止的运动状态，所以我们要不断地寻找问题的答案，分析和总结。我们只需要在旧思维模式的基础上，把思维发散开来，目光放远一些，多从一些角度来看待问题，就可以很好地打破旧思维模式的藩篱。

我们需要改变，所以，更需要打破旧的思维模式。千万不让旧的思维模式，成为我们无法适应工作的理由。

5.

拐个弯儿，路也许更好走

任何事物的发展都不是一条直线，具有灵活思维的人能看到直中之曲和曲中之直，并不失时机地把握事物迂回发展的规律，通过迂回应变，达到既定的目标。懂得迂回应变的人，是懂得通过改变思维来改变自己的人。

在很多时候，我们会发现自己脚下的路充满了坎坷和不平。固执的人会认为，这些坎坷和不平，正是对自己的考验，只要坚持下去，就一定可以获得成功。好吧，这条坎坷不平的道路的确可以通向成功，他们也真的走向成功了。可是，在这条道路上，他们也付出了相当昂贵的代价：满身的伤痕，满心的疲惫。这的确值得，但是，他们却没有想过，假如可以拐个弯儿，也许就不会走得这么辛苦。

当然，这并不是反对我们不畏辛苦、坚持不懈地向前努力。在工作中，我们也需要坚韧不拔的奋斗精神。也只有这种精神，才能助我们走向成功。我们所说的拐个弯儿，是在同样目标的前提下，尝试着去走另外一条道路。这条道路虽然也同样可以通向成功，但却要好走得多，就像古人所说的"曲径通幽处"一样。这样的路，会是一条让我们可以省时、省力、省磨难的道路，为什么不试着去走走呢？

某家餐厅前有一座很美丽的广场，很多人喜欢在广场上散步，累了，就走进餐厅要一份食物。因为有了这个广场，餐厅的生意非常好。

但是，餐厅这么好的生意，却因为一群飙车族冷清下来。不知道从哪一天开始，一群飙车族看中了这个广场。他们在广场上大吵大闹，疯狂地驾驶着摩托车，把周围散步的人吓坏了。因为有了这群飙车族，人们不敢再到广场上散步，自然也不会再来光顾餐厅。自此，餐厅的生意开始一落千丈。

餐厅老板大感恼火，他去劝说那群飙车族，却被骂了回来。无奈之下，他想到了报警。但是报警却一点用也没有，因为当警察来的时候，那群飙车族马上跑得无影无踪；当警察一走，他们立刻又回到广场，而且变本加厉地喧哗。甚至那些飙车族还过来威胁餐厅老板：再去报警，小心你的铺子！

怎样才能赶走这群讨厌的飙车族？老板一筹莫展。他对餐厅里的几名员工说："实在不行，就花些钱请些混混来收拾这帮讨厌的家伙。"可是大家都知道，请混混来收拾飙车族，那就等于是送走了狼，却引来了虎，一样不能很好地解决问题。员工们纷纷给老板出主意，有的说还是请些混混好，还有人说给些钱那些飙车族就会离开了。这时候，一个工读生自告奋勇地对老板说，他有办法让那些飙车族离开。

老板半信半疑，心想这个工读生又瘦又小，斯斯文文，真的能有办法阻止那些疯狂的飙车族吗？但是看到工读生一脸的自信，而自己已是无计可施，只好同意让其试试。他向工读生承诺：如果你真的可以把轻松地把飙车族赶走，我加你两倍薪水。

餐厅所有的员工都想知道工读生会用什么办法去赶走飙车族，于是都暗中观察。可是一天、两天，这个工读生只是默默地做着自己的工作，并没有出去和那些飙车族交涉。正当大家莫名其妙的时候，意外发生了。三天以后，那些飙车族走得一个不剩。

老板在家听说了这件事，慌忙驱车赶到餐厅。果然，广场上恢复了以往的宁静，一个飙车族都没有。他很是高兴，依约给工读生加了薪水。不过，他还是有些担心，问工读生："你是怎么做到的？找人和他们谈判了吗？他们会不会回来报复你，或者是餐厅?”

工读生笑了:“老板,你就放心吧!我既没有找人和他们谈判,也没有和他们吵架,更没有和他们硬碰硬。他们是自己走的。”

“自己走的?”老板有些不相信。他可是做过努力的,警都报了,可是那些飙车族好像根本不愿意离开这里。他们怎么会自己走?

“他们走是因为这个。”工读生笑着,扬了扬手中的一张唱片。“我发现,他们之所以喜欢在广场上飙车,除了地方大以外,还因为咱们餐厅经常放摇滚乐,他们喜欢这种音乐。这两天,我停止放这种音乐,而改放古典音乐。这样的古典音乐那些飙车族觉得很逊、很无聊。所以,不用任何人赶,他们自己就走了。”

原来如此!

遇到事情,我们学会拐个弯走了吗?看看这位工读生走得多好!很显然,如果像餐厅员工们议论的那样,采取一些强制措施,也能赶走那些讨人厌的飙车族。但是,那样的做法,难度肯定会大上很多,也更麻烦。无论是花钱请社会混混,以黑吃黑的方法解决问题也好,还是给那些飙车族一些钱,让他们自己主动离开也好,这些做法都会让事情变得更加难以处理。当然了,花些钱,那些飙车族也会离开,这也达到了餐厅老板最终的目的。可是,哪种方法更让人容易接受?哪种方法效果更好?毋庸置疑!这位工读生,在想着办法赶走飙车族的时候,很巧妙地拐了个弯,不从自身做起,而是从那些飙车族身上下工夫,让他们自动离开。拐了个弯,路更好走了,也看到了“幽处”。

其实很多事情都可能不止一种解决方法,而我们固有的思维模式,却往往会把我们绑在了一种方法上,让我们做起事来,只会循规蹈矩地按照这一种固定的方法。或许这种方法最终也能解决问题,但是中间有没有困难,则就只有我们自己心里清楚了。我们想要改变自己,就一定要打开思维,多看看前面哪条路好走。当那条常走的路不太好走的时候,就拐个弯,绕一下。这一拐,我们就会发现,路好走多了。

有一对年轻夫妻很是闹心。他们的孩儿已经慢慢长大了，可是总改不了吃奶嘴的习惯。为此他们费尽了脑筋，不知道有多少次偷偷把奶嘴悄悄藏了起来。可是，小家伙一找不到奶嘴，就会大哭大闹，坚持不肯妥协。每一次，他们都挡不住孩子的哭闹，而乖乖把奶嘴拿了出来。现在，孩子都快4岁了，要进幼儿园了，再吃奶嘴怎么行？他们和儿子商量，小家伙说什么也不同意。

奇怪的是，自从有一天丈夫的妈妈从乡下来到城里，小住了几天回去之后，小家伙居然不再吃奶嘴了。夫妻两个又惊又喜，不知道老人用了什么方法，使得小家伙这么听话。

出于好奇，丈夫打电话到了乡下，想问问看老人究竟用了什么方法。老人在电话里笑了："这很简单啊！我知道我那宝贝孙子最害怕蜘蛛，于是我就告诉他，奶嘴被蜘蛛爬过了。他一听，就再也不肯吃奶嘴了。"

两口子恍然大悟。

是不是很简单？当然很简单！可是，就是这么一件简单的事，夫妻两个却绞尽脑汁也无法解决。他们的方法不能说是错误的，藏起了孩子的奶嘴，让他找不到，自然就会不吃了。可是，这个方法显然不太好使。他们已经被自己固有的思维模式挡住了眼睛，以为只有如此，才能解决这个问题。却没有想到，藏起奶嘴不让孩子去吃，不如让孩子自己不想吃。虽然这拐了个弯儿，但是路确实好走多了。

工作中，我们总是会遇到类似的事情。一种正确的方法，却不一定是最好的方法。这就如同我们走在上山的路上，当遇到路上有大石挡路时，最好不要爬过去，而是要拐个弯，绕一下。或许这一绕会多走一些路，但这路却会更好走。其实在很多时候，工作中那些不太容易解决的问题，都需要我们这样来做。

打开思维，拐个弯儿，路也许会更好走些。

6. 变则通，通则达

美国著名地质学家华莱士在总结其一生成败经验的著作《找油的哲学》一书中写道："找油的地方就在人的大脑中。"他提出了一个非常著名的观点：人的大脑里蕴藏着丰富的宝藏，而思维方式是其中最珍贵的资源。

这个比喻很有意思，把思维比作了我们最珍贵的资源。其实思维也的确是我们最珍贵的资源，我们想要收获人生的财富，就必须依靠好的思维模式。每个人的思维模式就像一条修向远方的高速公路，如果修得合理，我们就能沿着这条高速公路快速走向成功；反过来，如果修得不合理，我们不仅要多绕一些路，而且路上还会多生出许多事端。但是，修筑我们的思维之路，却又不能像现实中修路一样可以先做实地考察。我们总是会下意识地以最先接收到的信息为基准，来修筑自己的思维之路。这就往往会导致我们大脑中的思维之路某一段会修筑得不合理。

那么，这时候我们怎么办？不合理就要学会改变，把不合理的思维之路拆除，换上最合理的思维之路。我们要明白的一个道理是：变则通，通则达。只有把不合理的旧路变成新路，我们才能以最快、最高的效率到达目的地。

有一家投资机构想要招聘一位学识丰富，应变思维能力过人的高管人员。这是一家相当有名气的投资机构，招聘信息一发出，应聘者蜂拥而来。经过反复筛选，最后有8位非常优秀的应聘者进入了复试。

这8位进入复试的应聘者各有所长，在复试的前一阶段竞争得相当激烈。很快就到了复试的最后阶段，这是一场很特殊的笔试。

当8位信心十足的应聘者在会议室坐定以后，人事经理快速地发给了每人一张试卷。试卷的第一行清清楚楚地写着：综合能力测试题，限3分钟内答完，请认真阅读试卷。

看到这里，所有的应聘者都开始紧张起来，因为只有3分钟的时间。

试卷的内容是这样的：一是请在试卷左上角写上你的姓名；二是请写出三座中国历史文化名称的名称；三是请写出三位中国科学家的姓名；四是请写出三位外国科学家的姓名……洋洋洒洒，这份要求仅用3分就须完成的试卷，在题量上可真不少，居然占了试卷的满页。虽然这些题都很简单，可是那些应聘者却还是感到了很大的压力。他们都是匆匆看了一眼试卷，就开始答题，因为时间有限。很多人都没有来得及看完试卷，便开始慌慌张张地答起题来。每个人都拼命地写，生怕自己写得太慢，无法完成试卷。

可是，只有3分钟时间，写字速度再快，又能完成多少呢？时间很快就到了，只有一个人起身去交了卷子，剩余的7个人，还在埋头拼命地答题。主考官大声宣布："考试结束，凡是没有在规定时间内接时交卷者考试成绩一律无效！"考官的话无疑像一块石头，砸开了考场平静的湖面，下面几个考生炸开了锅，开始高声抗议，"这不合理，时间根本就不够用，这么多题怎么做得完！""你们这是故意的，试卷有问题！"

面对众多的抗议，考官一脸的微笑："各位，不好意思，按照公司的规定，不能通过这一次考试者，将会被淘汰。但是，各位手中的这份试卷，公司却不收回了，大家若是有兴趣，可以把这份试卷带走，留个纪念。有时间的话，各位还可以把试卷打开，仔细看看公司出的题目是否合理。"

听完考官的话，剩余考生们疑惑起来，大家都打开了试卷，认真看起了试题。只见第二十题，也就是最后一题是这样的：二十，如果阁下看完题目，请只做第一题。

大家哑然。

可以思考一下,看完整张试卷,还会有人抱怨公司的这张试卷不合理吗?当然不会。如果考生们可以用两分钟的时间来看完整张试卷,然后用一分钟时间来写上名字,这会很难吗?当然不难。难的是,他们没有改变自己的思维模式,认为既然是试卷上出现的题目,就一定要将其解答,才能通过。可是,他们却忘记想了,公司会这么无聊,出一张让人根本没有时间完成的试卷吗?显然不太可能。如果可以这样想的话,他们就会细心地读完试卷,然后再从试卷中寻找答案。但遗憾的是,他们受到惯性思维模式的影响,按照以前答题的老路走了下去,这样走下去的结果,当然是无法完成试卷。

说一千,道一万,我们需要明白的是,无论在什么时候,无论做什么事,我们都不要受到固定思维模式的影响。当发现一条路行不通的时候,就要适当地学会变通一下,变完之后我们就会发现,原来不通的路,又通了。这样不是很好吗?

英国是一个高福利和高薪制的国家。在英国,只要可以找到工作,一般都可以有很好的待遇。但问题是,工作不太好找。多数大学毕业生都有这样的遭遇:尽管毕业的学校很好,可是因为没有经验,找工作时却总会屡屡碰壁。

有一个年轻人也遭遇到了这样的情况。尽管他手里有一张名牌大学英国伯明翰大学新闻专业的文凭,但是因为没有经验,却总是无法找到工作。他已经被人拒绝了很多次,四处碰壁让他开始有些灰心。为了找到一份工作,他几乎跑遍了整个英国。这一次,他又来到了英国《泰晤士报》的编辑部。

他对自己说:这次,我一定要得到这一份工作。

他鼓足了勇气,满怀希望地问招聘主管:“您好,先生!请问,这里还需要编辑吗?”

对方低着头看报纸,看都没有看他一眼,回答说:“不需要,你到别的报社看看吧!”

就这么算了吗?当然不!他没有放弃,接着问道:“那需要记者吗?我也可以胜任的!”

“也不需要!”对方答道。

他一点也没有气馁，紧接着又向对方问道："那么，你们总需要招聘一些员工吧！比如排版或者校对的，这些工作我也可以做，而且一定能做得很好！"

对方不耐烦地瞪了他一眼，大声说："我已经告诉过你了，我们现在不需要招聘员工！什么都不需要！你可以走了！"

他当然没有走，而是从随身带的包里掏出了一块制作精美的告示牌递给对方，微笑着说："那么，你们现在肯定需要这个！"

对方接过一看，只见上面写着："额满，暂不招聘。"

他的这个举动却打动了对方，招聘主管为他奇特的思维模式所折服，破例对他进行了全面的考核。当然，以他的聪明才智，他最终被录取了。那位招聘主管没有看错人，这位年轻人确实是一个非常有能力的人，他独特的思维模式已经说明了一切。

20年后，他成了这家报社的总编辑。他就是英国报业最具知名度和最富有人格魅力的资深编辑——生蒙。

我们必须要明白的是，所谓变通，指的是变换一种前进的方式，而非改变自己的目标。当变通的时候，我们依然是向着前方奔跑，只不过是采取了一种迂回前进的方式。但在很多时候，恰恰是这种迂回前进的方式，会让我们顺畅地达到目标。就像故事中的生蒙，他倘若不知道变通，那么就只能与这份工作失之交臂，因为报社确实不需要人了。但是，他却很聪明地变通了一下，让招聘主管在不对自己考核的情况下，就发现他的过人之处。他"露了一手"，却很幸运地得到了梦寐以求的工作。

我们一定要学会改变自己的思维模式。可以说，改变思维模式，是改变我们自己最重要的一步。在很多时候，那些无法改变的工作是死的，它就老老实实地摆在那里，等着我们去适应、去配合。而我们呢，也只能从改变自己入手。思维模式主宰了我们，如果按照旧的思维模式去走，无论怎样努力，我们也无法去适应那些工作。所以，我们只能变通。变则通，通则达，当我们通过改变自己的思维模式，达到既定的目标时，就会发现，改变自己，其实不难。

是不难！但前提是，我们要肯改变自己的思维模式！

第四章

强化意志，绝不轻易被困难打倒

古罗马喜剧作家普劳图斯说："万事皆由人的意志创造。"这句话确是发人深省，我们也可以反过来理解：人的意志创造了万物。可不是吗，我们脚下走的路，我们手里做的事，有哪一项不是由意志创造的？没有，当然没有！如果没有坚强的意志，我们绝难在人生之路上披荆斩棘；没有坚强的意志，我们根本无法迈过任何一道小沟小坎。可以说，是意志筑就了我们精彩的人生。但是在很多时候，我们却又往往会被意志所局限和左右，因为我们不够坚强，所以总是无法完成很多原本可以完成的事。好了，已经够了！知道了自己的意志不够坚强，那就要学会努力抛弃这种懦弱。只要肯，我们可以强化自己的意志，进而改变自己！

1.

你在困难面前退缩了吗?

契诃夫曾经说过:“困难与折磨对于人来说,是一把打向胚料的锤,打掉的应是脆弱的铁屑,锻成的将是锋利的钢刀。”这话说得很是精彩,形象地指出了困难对于人们成长的重要性。的确,人生百年,没有人能够一帆风顺,命运总是无情在我们前行的道路上设下重重障碍,这就使我们陷入困难的境地。虽然困难于我们的成长必不可少,但它却总会为我们带来种种障碍,让我们在前进的道路上吃尽了苦头。所以,困难也是一种让人畏惧的东西。

当遇到自己畏惧的东西时,天性会让我们裹足不前,甚至会让我们退缩。在大多时候,我们遇到困难时也会如此。我们会以为,“退一步海阔天空”,甚至还会以为,只要退后,困难就不会找上自己。但是事实真的会如此吗？事实上,如果在困难面前我们学会了“退一步海阔天空”,那就真的大错特错了。我们需要有退一步海阔天空的博大胸怀,但却绝对不是在困难面前。退一步海阔天空是一种度量和忍让,而在困难面前我们却无须如此。在人生的路上,困难对于我们来说,只能是一头拦路的猛虎,我们如果退缩,就只能被它欺辱。当我们退缩的时候,他们甚至会摆出一副胜利者的姿态,对我们发出“绞杀令”。它们会这样做:你退缩,我前进!

是的,当我们在困难面前退缩的时候,它们就会趁机猛冲,让我们面临更大的危机。其实生活遇到的每一个困难,对于我们来说,都是一次对我们生存能力的考验。那是一道道坎,如果能够跨过去,我们将会离成功越来越近;如果无法跨过去,我们将必然迎来无尽的黑暗。正因为如此,所以我们在困难面前绝对不能退缩,让其有趁机猛冲的机会。我们要做的是，无惧那些让人害怕的困难，以最勇敢的姿态，面对它们、挑战它们、冲向它们，把它们踩在脚下。当然，这样做并非易事，这需要我们在面对困难时有坚强的意志。

印度诗人泰戈尔曾说："上天完全是为了坚强我们的意志，才在我们的道路上设下重重的障碍。"只有拥有了坚强的意志，我们才能坦然面对生活中遇到的那些困难，才会无所畏惧地冲上前去。可是坚强的意志从何而来？没有人天生具有坚强的意志，意志是一种强韧的能量体。它给我们提供了一个机会，只有越磨，才能越强。所以在很多时候，在我们意志还不够坚强时，我们要学会在磨炼中强化自己的意志。

困难给了我们磨炼的机会，所以在那些困难面前，我们一定不能退缩。

他很年轻，是某杂技团里一个名不见经传的杂技演员。初出茅庐就遇到了难题，第一次面对观众，他就要在一个大型剧场里为上千名观众，包括一些来自异国的旅游者表演自己的绝活儿——顶碗。当然，这项绝活儿他已经苦练将近10年了，技术早已臻至炉火纯青，表演一定没有问题。可是，面对这么多观众，自己能成吗？他心里也犯嘀咕。

他甚至在心里咒骂剧团领导，为什么安排自己在这么一个盛大的场合表演，这不是成心为难自己吗？在表演之初，他遇到了困难，那是自己的心理关口。

经过反复的思想斗争，他打消了找领导要求取消自己表演的想法。他知道，自己苦练那么久，为的就是这么一天。在轻松优雅的乐曲声中，只见他头上顶着高高一叠金边红花的白瓷碗，柔软而又自然地舒展着自己的肢体，做出各种各样让人惊羡的动作。他的表演很出色，他高超的技术赢得了观众热烈的掌声。

但是在这个时候，意外发生了。由于紧张，在一个大幅度的转身中，他头上的一大叠碗掉了下来。在碗落地那一瞬间，整个剧场突然静了下来。他呆住了，所以观众也是目瞪口呆。等观众们回过神来的时候，有人开始哄笑，还有人吹起了口哨。

他面临着人生最大的困难，也是最严峻的考验。

走下台去？还是继续表演？

在这个困难面前，他没有退缩，也没有慌乱，而是带着歉疚的微笑，向观众鞠了一躬后，又开始重新表演起来。只是，让所有人都没有想到的是，他又一次表演失误，还是在那个转身的动作中。新换的一叠碗，又落在地上摔得粉碎。那四散的碎片，让他畏惧，让他害怕。他的脸上开始有汗珠出现，有些不知所措了。

哄笑声、口哨声再次响起，场里一片喧哗，甚至还有观众大声喊道："不要再来了，再表演下去，你会把所有的碗都摔碎的！"在那一刻，他想逃走，想避开，想不再面对这些让人难堪的嘲笑。他准备下台了。

这个时候，从后台走出来一位老者。他悄悄走到少年面前，低声对他说了一句话。这句话，让少年镇定下来。他向喧哗的观众再次鞠了一个躬，然后开始了自己的第三次表演。这次整个剧场非常安静，所有的观众都看着他，期待着他的再次失败。但是这一次，他成功了。满场爆发出热烈的掌声，不为别的，只为他的勇敢。

他表演结束下台之前，观众提出了疑问。大家都想知道，那位老者究竟说了什么，可以让他走出困境。他告诉观众，那位老者说：

如果你在困难面前退缩了，那么你将永远走不出困境。战胜困难，你将拥有战胜一切的意志！

说得多好！无论是谁，无论做什么事，只要是在困难面前退缩了，那么他们必然永远走不出困境。困难就像是一个欺软怕硬的家伙，倘若我们软弱，它就会来欺负我们；倘若我们坚强，它就会冰消瓦解。就如同故事里的那个年轻人，如果他在困难面前退缩了，那么他将永远难以过自己那一关。

只有面对困难，才能强化意志，坚强自己战胜困难的决定。当我们意志足够坚强的时候，所有的困难，将不会再成为困难。困难就如同寒冷的冬天，只要我们不把自己缩成一团，挺起胸膛面对严寒，那么寒冷终会被我们抛在身后。雪莱曾经说过："冬天已经到来，春天还会远吗？"只要我们不退缩，春天当然不会远了。

历史上有很多有名的人，都曾经与困难作过不屈不挠的斗争。丘吉尔是上个世纪最卓越的政治家之一，二战期间以及二战以后，他曾两度担任英国首相。在相当长的一段时间里，他都是国际上的风云人物。然而，在他年轻的时候，却并没有显示出任何过人的才能。

他报考英国赫斯特陆军大学的时候，曾经遭遇困难。连续三次，他都没有通过考试。但是，在困难面前他却没有一点退缩，而是选择了迎难而上。终于，在第四次的时候，他通过了考试。

丘吉尔也是著名的演说家，可是，在他刚开始演讲的时候，也是困难重重。因为他的嗓音不好，也不太会控制现场气氛。在很多听众面前演讲不好，是一件非常让人难堪的事。但是，他却在困难面前没有示弱，而是选择了去战胜困难。他经常地刻意锻炼自己的演讲能力，终于，他的演讲打动了很多人。

在很多时候，困难算得了什么？困难其实一点也不可怕，可怕的是我们没有战胜困难的意志，可怕的是我们在困难面前做起了逃兵。如果在困难面前选择了退缩，那么，我们的意志就永远得不到强化。一个意志不够坚强的人，其实是一个非常脆弱的生命，一点逆境就会使其沉沦进黑暗的深渊。

在职场上，困难多得如同河里的石头。我们需要过河，就免不了要被石头硌脚。那么，我们需要怎么办？退缩吗？可以肯定的是，如果退缩，我们将很难渡过河，走到河的另一边。我们要做的是，勇敢地走过去。当走过去的时候，我们的意志，将会大大的强化。

我们想要改变自己，千万不要忽略强化自己的意志。因为，意志可以创造一切。

2.

你越软弱，困难越凶狠

有位哲人曾经这样说过：困难就像弹簧，主要看你强不强。你强它就弱，你弱它就强。

的确是这样！生活中遇到的困难，无一例外都是一些欺软怕硬的家伙，如果我们强大，它们就会软弱；如果我们软弱，它们就会越来越凶狠。这有些像民间俗话说的“人善被人欺”，当意志“善良”的时候，我们也会被困难“欺负”。我们一定要明白，困难其实就是一些不折不扣的“两面派”，当我们意志薄弱的时候，它们就会倒向失败的一面。所以，对于意志薄弱者来说，困难往往造就失败。

人生是一段曲折而又坎坷的道路。在这段人生的道路上，我们总会遇到各种困难，总会遇到难以逾越的障碍和失败的打击。这些东西对于我们来说，代表的是成功与我们之间有了一道难以逾越的鸿沟。我们能不能跨越这道鸿沟？说不准！这需要看我们用什么样的意志去面对。我们越坚强，跨越这道鸿沟的概率就越大，反之，我们越软弱，跨越这道鸿沟的概率就会越小。要想走向成功，我们必须要以坚强的意志作为后盾。

我们一定要记得，我们的软弱，只会带来困难的“凶狠”，只会让我们处于非常被动的地位。当一只恶狼向我们冲来的时候，逃跑只会引来它更猛烈的撕咬。

有一位年轻人很幸运地继承了家族的企业，成为了一家建筑公司的老总。这家公司本来经营良好，可是很不巧，遇到了金融危机，在金融危机的冲击下，公司业绩开始走向滑坡。这是从来没有过的事情，让这位年轻的公司老总大感头疼。

他希望金融危机的影响能很快过去，这样公司就可以重振旗鼓。可是情况却并不像他想象得那样乐观，公司业绩依旧快速下滑，很快就到了濒临破产的边缘。正当他一筹莫展的时候，一个项目决策的失误，使得原本摇摇欲坠的公司更加雪上加霜。因为从来没有经历过什么风浪，突如其来的困难，把他压得喘不过气来。他开始慌乱，紧急召集公司高层商议对策。可是，面对各方面不同的意见，他却又不知道该听谁的了。他害怕了，怕自己的决策如果再出问题的话，公司将会破产。他本来非常优秀和能干，可是面对这个困难，面对这个敌人，他已经乱了方寸，再也无法冷静地对待。

在这种惶惶不可终日的情形下，公司最终还是宣告破产。

困难很让人害怕吗？当然！这是不争的事实！因为如果处理不好，困难就会带来危机，会影响到我们的发展，会影响到我们的生活。我们已经说过，困难如狼似虎，一个不小心，总会咬上我们一口，这是谁都无法预料的事。所以，害怕困难，是人之常情。但是，害怕归害怕，当困难来临的时候，我们必须选择去勇敢地面对。我们可以想方设法躲避狼的袭击，却无法躲避困难的到来。无论躲到什么地方去，困难还会摆在我们面前，让我们避无可避。唯一可以解决困难的办法，只有面对。

对了，我们必须用坚强的意志去面对。意志不够坚强，我们就去努力强化自己的意志。在困难与我们的较量中，成功或者失败，就取决于我们的意志是否坚定。就算我们占尽了天时地利人和，只要意志不够坚定，我们也很难去战胜那些困难。所以，别做一个软弱的人，让困难有了可乘之机，让失败有了理由。

坚强一些，怕什么！

奥斯特洛夫斯基从来不被命运垂青，他所受的困难，让很多人都唏嘘不已。那些困难是常人无法想象的，他在那些困难里，备受折磨。

他仅念过三年的小学，因为战争，他不得不骑着战马奔驰在枪林弹雨之中。和大多数战场上的人一样，他迎来了自己最痛苦的命运。16 岁那年，他被子弹击中，头部与腹部严重负伤。他被迫从战场上退了下来，等待他的，将是最残酷的生活。

因为伤势过重，他右眼失明了。而且厄运还不仅如此，几年之后，当他 20 岁时，又因为关节硬化而卧床不起，从此变成残疾。老天给他开的玩笑似乎是有些过分了，一个又一个的困难和挫折向他接连袭来。

花儿一样的年龄，却只能躺在病床上接受命运最严峻的考验，这样的挫折让他感到了无生趣。想到自己以后将生活无法自理，他就一阵恐惧：难道，自己以后就只能成为靠接济生活的可怜虫吗？他不愿意过这样的生活，可是却又无可奈何。因为事实是，他已经成为了一个实实在在的残疾人。

这样的困难和挫折让他无法面对，他害怕，想要逃避，但却不知道又能逃到什么地方。他想要自暴自弃，了结残生，可是却似乎总能听到内心有一个声音在说：勇敢地面对这些困难和挫折吧！你能行！这声音让他醍醐灌顶，他知道，自己必须勇敢地面对这一切。

困难是一个弹簧，他就狠狠在压了下去。他对自己说："现在其实也不错，终于可以有时间认真学习了。"他把这些困难和挫折化为了学习的动力，拼命地学习。很快，他就读完了函授大学的全部课程，并开始如饥似渴地阅读俄罗斯与世界文学名著。他很坚强，坚强到可以把困难这个弹簧狠狠在压在自己的双手之下。

在这种疯狂的学习之下，他的文化和文学素养很快就达到了一定的水平。于是，他满怀信心地写了一本描述柯托夫斯基部队中英雄战士的中篇小说，将其寄给了一家出版社。他以为，自己这呕心沥血的作品，一定会得到大家的认可。可是，挫折再次袭来，他的小说，并被有被采用。

又一个困难摆在他的面前：小说不被别人认可，是写下去，还是不再写了？他的心里也在害怕，怕自己根本就无法写出让人满意的作品。那怎么办呢？在这个困难面前屈服吗？他当然没有！他没有让困难绊住了自己前进的脚步，而是勇敢地迎接了困难，又开始了自己的拼搏。

他当然成功了。1932 年，他终于完成了《钢铁是怎样炼成的》一书，并因此一举成名。他的这本书，感动了千千万万的人们。

我们可以大胆做一个假想：假如奥斯特洛夫斯基在困难和挫折面前软弱了、害怕了、妥协了、退缩了，会出现什么样的情况？结果当然毋庸置疑，世界上从此会少了一位著名的作家，而多了一名要靠救济生活的残疾人。可以说，他之所以可以取得如此成就，就是因为在困难面前毫不退缩，强化了自己的意志。他深深明白一个道理：自己退一步，困难就会向前跨上两步，会把自己慢慢逼近死胡同。所以，他选择了坚强。

很多时候，我们之所以会做困难的奴隶，原因无它，皆是因为意志不够坚强。我们喜欢用钢铁来形容一个人的意志，毫无疑问，有钢铁般意志的人是非常坚强的。其实这个比喻也很形象地说明了，坚强的意志并非天生，也并非一蹴而就，而是一个慢慢锻造的过程。我们可以意志薄弱，但只要肯去锻造，肯去改变，就会慢慢坚强起来。

当然，我们要想改变，就一定不能放纵困难，让其大逞威风。

3. 不做一只鸵鸟

有这样一种说法：当遇到危险时，沙漠中的鸵鸟就会把头埋进草堆或者沙子里，以为自己眼睛看不见就是安全的。心理学家将这种消极的心态称之为“鸵鸟效应”，虽然现在有人认为这种说法确有误解，但却不妨碍我们站在另一个角度来看待这种现象：面对危险抑或是困难，躲到自己眼睛看不到的地方，有用吗？

一个人打算乘船渡过大海到另一个地方去，那里有他梦寐以求的财富。当船航行到一半路程的时候，遇到了很大的风浪。他的船很坚固，虽然在风浪中犹如一片树叶般摇摆不定，但却丝毫没有破碎的迹象。但是，面对着那滔天的巨浪，他胆怯了，害怕自己会被淹死。于是，他跪在甲板上，合上双手，虔诚地向上帝祈求："伟大的主啊！求求你让我变成一条鱼，可以在这海洋里遨游，不用再去害怕风浪的袭击。"上帝听到了他的祈祷，把他变成了一条鱼。

变成了鱼的他，沉入到了水里，在大海中肆意地游着。他很开心，终于可以远离那让人恐惧的风浪了。可是，正当他游得开心的时候，却不小心碰到了一条鲨鱼。他立刻成了鲨鱼的目标，鲨鱼快速地向他追来。他又害怕起来，拼命地躲避着鲨鱼的追捕，一直跑到精疲力竭，才好不容易在珊瑚礁下面躲过一劫。

等到回过神来，他马上又向上帝祈祷，请求上帝让自己变成一条鲨鱼，这样就可以海中无所畏惧了。上帝答应了他的请求，把他变成了一条凶猛的鲨鱼。鲨鱼可是大海中的王者，他凶狠地吓着身边游过的小鱼，感到了从没有过的轻松。他想：这下好了，再也不用害怕遇到危险和困难了，没有什么可以难倒大海中的鲨鱼。

但是很快，他就发现，大海中的鲨鱼并非无敌，因为在他不远处，正有一艘捕鲨船正在无情地捞杀着鲨鱼。他又害怕了，害怕自己成为下一个被捕杀的对象。于是，他赶紧祈求上帝，想让上帝把自己重新变回人。上帝又把他变成了人，并且告诉他，这是最后一次机会了，一定要好好珍惜。

变回人的他，心有余悸地躺在船的甲板上，回想刚才看到的一幕，不禁喃喃自语：还是做人舒服。他正念叨着，一个大浪打了过来，船翻了，他被大海无情地淹死了。

这个人是不是很像一只鸵鸟？在困难面前，他选择了让自己躲起来。可是，困难和危险真的能躲得开吗？当然不能！从这故事里我们也可以看到，无论躲到什么地方，总会有困难找上门来。或许像鸵鸟一样躲开那些困难和危机，不去看，可以让我们"眼不见为净"。但是这样做，却永远无法实质性地解决困难。如果不能把遇到困难和挫折全部解决，无论我们把头藏在什么地方，它们终会找到我们，让我们付出沉重的代价。

所以我们说，千万不要做一只自欺欺人的鸵鸟，千万不要以为困难可以用躲的方法解决，那样只能是最愚蠢的行为。正确的做法是，抬起头来，迎向困难。当遇到困难的时候，我们要有这样的意志：困难为什么无法解决？只要我们想，就一定可以解决。其实能不能解决困难，不在于困难的本身，而在于我们的意志有多坚强。就像上面故事中的那个人一样，如果他可以在遇到风浪时以坚强的意志去面对，那么，那些风浪又算得了什么呢？

有没有坚强的意志，决定了我们是否去做一只鸵鸟。但显而易见，倘若去做一只鸵鸟，将会是最不明智的选择。

许多人围绕着一位已经退休的老船长，听他讲大海中的故事。这位老船长一生大部分时间都在大海中度过，对于大海的认识比任何人都清楚。他一生的经历可谓丰富多彩，尤其是那些与狂风巨浪搏斗的经历，更是让大家听得目瞪口呆。

当谈到大海风云变幻的天气时，有人问老船长："如果一艘船在大海中前进，通过气象台的天气预报，知道了前面有一个巨大的风暴圈。这个风暴圈的速度很快，正向这艘船快速而来。那么，以你的经验，应该如何躲避这个风暴圈呢？"

老人笑了，没有正面回答，而是反问了一句："如果你是船长，会怎么做呢？"

那人回答："我会立刻命令船掉头返航。只有后退，才有可能脱离风暴圈的威胁。这样应该是最安全有效的方法吧！"

老人摇了摇头说："这样不行。这种方法看起来最安全，实则最危险。因为船的速度始终快不过风暴的速度，别忘记了，风暴是向着船的方向而来。如果掉头返航的话，最多只是让风暴圈与船的接触时间延长了一些，但却无法实质性地解决问题。"

听老船长讲故事的人又有一个接口说："我知道怎么做。如果我是船长，我就下令将船头向左或者向右掉转九十度。这样的话，船也许就会和风暴圈擦肩而过，从而脱离风暴的威胁。"

老人仍然摇了摇头说:“如果这样做的话,你就会将整个船身送到了风暴面前,完全暴露在了风暴的肆虐之下。这样做的后果是,只会增大与风暴的接触面积。当然了,船一旦处于这种情形之下,就会更加危险。”

大家有些迷惑了:后退和左右躲闪都不行,那么,船应该怎样躲过这次风暴?难不成,变成潜艇,钻到海面之下吗?

老人看着大家,认真地说:“办法只有一个,那就是不要畏惧风暴,紧紧地抓稳船舵,以最坚定的意志,让你的船头不偏不倚地向着风暴圈冲去。因为只有这样做,你才可以使船与暴风的接触面积最小。同时,这样做还可以使风暴圈的速度与船的速度叠加在一起,使船用最短的时间冲出风暴圈。面对突如其来的风暴圈,这是唯一可行的方法。唯有如此,你才能冲出风暴,迎来晴天。”

短暂的沉默之后,大家都低声喝起彩来,他们被老船长大海般的智慧所深深折服。

当遇到狂风暴雨的时候,如果只想做一只“眼不见为净”的鸵鸟,只想远远地躲开,那么就只会迎来最坏的结果。我们只有用坚强的意志来驾驭生命的大船,才能驶出那片变幻莫测的风暴。

难道不是吗?当工作无法改变的时候,当我们在工作中遇到难题的时候,当我们想解决那些问题但却又不知道从何入手的时候,我们是不是还记得,去用坚定的意志把住那艘船的舵?如果忘记了,我们就会害怕,就会后退,就会左右躲闪,但最终的结果,却只能是被风暴无情地侵袭。

请记住,无论在工作中遇到什么样的难题,都不能去做一只把头伸进沙子里的鸵鸟,躲避不是解决问题的根本办法。让自己的意志变得坚强起来吧!坚强的意志会带给我们生存的法则。

4.

试着给意志淬淬火

生活是一张由困难和挫折组成的大网，随时随地，会有意想不到的障碍阻住我们前进的脚步。愚蠢的人，会让恐惧拖住自己，一不小心就成了这网中的“大鱼”；而聪明的人，则会在这张大网中提取能量，让自己的意志在这种能量里慢慢变得强大起来。没有人可以天生拥有强大的意志，意志也会像春天的种子一样，慢慢地由小长大，由软变强。当然，种子长成为大树，需要阳光的照耀和雨水的浇灌，而意志由软变强，则需要由困难来慢慢锻造。所以，在某程度上来讲，挫折和困难就是一个大熔炉，让意志在其间慢慢淬火，慢慢强大。

英国民间有谚语是这样说的：有坚强的意志，才有伟大的生活。伟大的生活，并非是指我们要像那些名人一样，生活在光彩夺目的光环之下，无论任何事情，只要它能被我们的意志所驯服，就是伟大的事情。当工作中有困难时，当工作的困难超乎我们的想象时，当我们想要放弃，想要逃避时，如果可以借由坚持把工作做好，那么它对于我们来说，就是一件很伟大的事情。其实对于我们来说，事无大小，主要看我们用什么样的意志去面对。当意志不够坚强的时候，没关系，继续让其淬火，让其强化。爱默生说得好：“培养意志是我们生存的目标。”其实也可以说，我们生存的目的，就是为了培养意志，然后用意志去超越困难。

因为困难的尽头，就是成功。

曾维竹出生在湖南涟源山村的一户贫困家庭里。他的父亲是一位老实巴交的农民，由于年轻的时候患过胆囊炎，一直无法从事过重的体力劳动。在一个凭力气吃饭的农村家庭里，男人无法干重活意味着什么？那意味着一家人都得忍饥挨饿地过日子。

在曾维竹3岁那年，母亲因为不堪忍受家庭生活的贫困与艰难，无奈地选择了离家出走。这使得本就贫困的家庭更是雪上加霜，3岁的小维竹、一岁的弟弟，再加上体弱多病的父亲和父亲手术后欠下的债务，组成了这个贫穷得无法再贫穷的家庭。

为了能让两个孩子吃饱饭穿暖衣，为了能让他们和别人家的孩子一样茁壮成长，父亲开始忍着病痛，挑起了家里沉重的担子。他冬天挑着箩筐卖水果，夏天就背着箱子走村串户地卖冰棍。但是，挣这么一点钱怎么能够家里的开销呢？无奈之下，父亲只能选择了下煤窑。每天早上，兄弟俩就蹲在父亲的箩筐里，随着父亲一起到了离家不远的煤矿上。父亲下井挖煤，就会让工友帮忙照看着两兄弟。可以说，从那个时候起，小维竹就开始懵懵懂懂地明白了一些道理。他虽然还不知道什么叫作意志，可是，他那棵意志的小苗已经破土而出，在生活中如影随形的苦难面前慢慢强大了起来。

他知道自己还无法帮助父亲挣钱补贴家用，就慢慢尝试着帮助父亲洗衣做饭。这么小的孩子，有哪个不喜欢玩？看着周围小伙伴们兴高采烈地做着游戏，他只能强压自己心底的渴望。他慢慢让自己坚强，更坚强起来，当同龄的孩子还需要父母照顾的时候，他就开始照顾起比自己小两岁的弟弟了。

10岁那年，他就开始挣钱补贴家用。为了一天能挣到3到5块钱，他硬是每天早上四点钟就逼着自己起床，然后背着泡沫箱走上10多里山路，赶到镇上的冰棍厂里批发冰棍。去的时候还好，但是回来的时候，一箱冰棍沉甸甸的，常常把他压得喘不过气来。每次回来的时候，他都不知道自己是怎么走回来的，常常是咬着牙坚持，甚至是咬破了嘴唇。12岁的时候，他上山砍柴卖给煤矿。每担四五十斤的柴草更是压得他直不腰来，肩膀上阵阵钻心的疼痛更是不堪忍受。但是想到一天能挣到七八块钱，他硬是忍了下来。从10岁到12岁，他经历了人生中最艰难的成长时期。但是，他没有退缩，而是选择了勇敢地面对。在这些与困难搏斗的路上，他的意志也在慢慢地被磨炼，变得更加坚强。

他再也不惧怕人生之路上的任何困难，因为他相信，只要自己慢慢坚强起来，所有的苦难都会过去。当父亲又一次病倒之后，他甚至瞒着父亲偷偷地下到了父亲工作的矿井里，抡起了那柄沉重的镐。那一年，他 16 岁，已经学会了用自己的意志，挖出了第一担承载着自己生命之重的煤块。

但是在很多时候，人生中的艰难和困苦却并不会因为意志的坚强而减少分毫。它们仍然会像无孔不入的苍蝇，变着法儿再叮上来。曾维竹的意志虽然变得越来越坚强，但老天却似乎总嫌分量不够。于是，更加沉重的困难和折磨接踵而来。

2004 年，当他拿着经过 12 年寒窗苦读换来的湖南大学文理学院的录取通知书时，不禁傻眼了。他满心的欢喜被通知书上那高昂的学费所淹没，自己这个贫困的家庭，又怎么承担得了？父亲看到他的录取通知书时也是满脸的无奈，因为家里早已负债累累，再要拿出这么多钱来，谈何容易？一家人都陷入了深思。

他很想上大学，眼看着离大学校门就仅有一步之遥了，却没有想到会遇到这么大的困难。怎么办？他把自己关在房间里痛痛快快地哭了一场，然后擦干眼泪，把自己那张日盼夜盼等来的通知书装到了箱子里。他对父亲说："我有手有脚，也有使不完的力气，只要意志坚定，不上大学我仍然能养活这个家。"

几天后，他就踏上了打工的道路。几个月之后，他回到了家乡，换上了军装，成了一名英姿飒爽的军人。他被分到了南京军区某部，在那趟旅途中，他甚至没有带什么行李，只带了一摞厚厚的书籍。虽然不能上大学，但他依然要奋斗。从小时候起，他的意志就一直在被慢慢磨炼。到了这个时候，已经渐渐坚如钢铁。

在部队里，他训练得最为刻苦。"再难熬的苦也吃过，这点苦怕什么！"清早，当别的战友还躺在被窝里不愿出来的时候，他就已经跑到了集合地点，不畏寒流，不畏风雨；当累了一天的战友们呼呼酣睡的时候，他却还在被窝里学习。有时候他也会累，也想过要退缩，但是一有这种想法，坚强的意志就会出言警告：

如果退缩了，你就永远无法战胜那些困苦，永远无法走出来。他的意志越来越强，越来越韧。

在他的努力下，他的各项训练的成绩都很优秀。在2006年全军文化统考中，他更是以高出本科线74分的好成绩名列全师第一。他可以去上军校了吗？可以圆自己的大学梦了吗？命运在这个时候又给他开了一个玩笑，因为复检身体不合格，他最终被军校拒之门外。

他没有放弃，接着拼搏，接着努力。2007年的时候，他又考出了好的成绩。但是这次，虽然身体没有问题了，却因为年龄大了23天，快要实现的军校梦想再次被撕得粉碎。在这次磨难面前，他被击打得快要崩溃过去。但是，坚强的意志却告诉他：挺过去，你就能获得成功。

他真的挺过去了，既然无法圆军校的梦想，那就继续努力，让过硬的军事素质来证明一切。2007年年底，他申请到了一个去兄弟连队学习新装备的机会，从此开始了血与火的训练。他把所有的时间都用在了学习和训练上，不辞辛苦，不畏寒暑。他知道，自己虽然遇到过一些困难，但只有不低头，只有让自己的意志慢慢坚强起来，就一定可以迎来最灿烂的明天。他一直在这样做，他的学习劲头感动了连队，而他的成绩，也让战友们看到了意志的力量。

2009年，他根据自己的经验，整理撰写了新型战车射击技术的20多个教案，"自动炮射击九步法""导弹射击九步法""并列机枪实弹校正六步法"这三个重点科目的教案，成为全团射击训练的样板教案。而他个人，荣立了三等功一次。

虽然这不算什么，但是他那坚强的意志却告诉了所有人：只要努力，困难终将远去。

很多人喜欢抱怨生活的不公平。当那些突如其来的困难袭来的时候，他们会嚷：生活为什么要对我这么不公平，没有这些困难和折磨，我一定会做得非常出色。其实到底有多出色没有人知道，但我们却可以肯定一点，他们不会比有困难的时候做得好。原因很简单，没有经过那些困难和挫折的磨炼，他们的意志就得不到淬火的机会，也就不会变得强大起来。一个人如果没有了强大的意志，显然无法做好任何事情。曾维竹成功了吗？从伟大的角度来看，或许没有！但我们相信，他终将获得成功，因为他已经拥有了坚强的意志。一个意志坚强的人，将无敌于世上。

在职场竞争激烈的今天，困难和挫折已经成了工作中的代名词。可以说，一份太过顺利的工作，永远无法造就出优秀的员工。因为平静会使我们失去磨炼意志的机会，而如果缺少了坚强的意志，我们就会永远无法应付那些工作中突如其来的难题。所以，我们也可以说，工作中的困难，给了我们一个磨炼自己意志的机会，同时也给了我们一个成功的机会。

当工作无法改变时，不要害怕，我们只需坚强就可以；当前进的过程中遇到些许困难，不要着急，我们只需用其来慢慢磨炼自己的意志就好。

5. 失败了，就再爬起来

很多人喜欢这样告诉自己："我已经尝试过了，也已经努力过了，但是很不幸，我还是失败了。"这样说的人，其实他们并没有真正理解失败的含义。

也有人喜欢这样告诉自己："失败怕什么，我之所以无法接受失败是因为我还没有去尝试过。"这样说的人，其实他们也并没有真正懂得失败的含义。

那么，失败的真正含义是什么？失败其实是一处无可避免的挫折，但是在挫折的背后，还有着站起来的希望。说自己尝试过，努力过，还是失败的人不理解失败的真正含义，是因为他们不明白，生活中没有绝对的失败，任何看似失败的挫折背后，都还有一个站起来的希望。虽然这个站起来的希望会因事因人而有所不同，甚至非常渺茫，但请记住，只要有希望，就不算是真正的失败。说自己不怕失败，还没有尝试过失败的人，是一种喜欢夸夸其谈的自大者。他们没有真正尝试过失败，也没有真正品尝过受挫的滋味。失败的滋味并不好受，所以无论还有没有站起来的希望，失败都是让人害怕的一件事。

失败给我们带来的是一种让人难以下咽的苦味，那种苦自外而内，能直透到人的心里去。人们害怕失败，甚至比遇到虎狼更害怕，因为如若是虎狼带来的创伤，可能还会有痊愈的时候，而失败则往往带给人们永远难以愈合的伤口。所以失败让人害怕；所以很多人在面对失败的时候，就会完全丧失了重新站起来的意志。因为失败的恐惧和痛苦，已经彻底击垮了他们。如果真要概括失败的真正含义的话，那么这个时候的失败，才叫真正的失败。

之所以会这么说，是因为在很多时候，我们所经历的失败并非真正的失败，那只能说成是一段挫折。因为在那段挫折后面，还有着站起来的希望。当我们能够把自己聚集起来的意志，汇聚成一股强大的力量的时候，就可以在挫折之后重新站起来，推翻那个曾经被我们定义为“失败”的挫折。不过，在那个时候，我们就可以说成“失败是成功之母”。没错，当我们用坚强的意志在挫折之后站起来时，就会赢得成功。

拿破仑帝国时期，法兰西与欧洲发生了连绵数年的大规模战争。拿破仑带着他的大军，横扫了整个欧洲战场，一时间所向披靡，战无不胜。为了应对拿破仑的侵略，欧洲其余国家结成了欧洲同盟，共同应战法兰西帝国。当时，欧洲同盟军的指挥官是威灵顿将军。

面对拿破仑大军强大的军力，威灵顿指挥的同盟军一败再败。在一次大的战斗中，同盟军又一次遭到了惨重的失败。由于指挥失当，同盟军甚至陷入了拿破仑大军的重重包围之中。在万般无奈之下，威灵顿只得带着一小股军队，强行冲破了包围，逃到了一个小山庄。这次失败，让威灵顿感到心力交瘁。他很疲惫，再次失败的打击让他心灰意冷，失去了继续战斗的欲望。他甚至想到了自杀，想要一死了之。这个时候，他已经完全丧失了奋斗的意志。

但是，他终于没有自杀，一只小蜘蛛救了他。当他正愁容满面，一个人躲在墙角失神的时候，一只小蜘蛛闯进了他的视线。

那是一只没有网的小蜘蛛，可能是因为风雨的侵袭，这只小蜘蛛失去了自己的网。它正打算再结一只新网，但是，它新吐出来的丝太脆弱了，它刚刚从墙角拉过来一根丝，辛辛苦苦结了一圈网，风一吹却把网吹破了。可是小蜘蛛没有气馁，甚至没有停顿，而是以最快的速度又开始了第二次的结网。但是，这次的网又被风吹破了。

看着在忙碌着结第三次网的小蜘蛛，威灵顿有些感慨：这只小蜘蛛多像自己啊！拼命地努力，但最终还是以失败告终。他甚至有些同情那只小蜘蛛，不希望小蜘蛛做无谓的努力。他自言自语地对小蜘蛛说："笨蛋，不用再努力了，你和我一样，注定都是失败的命运！"

小蜘蛛自然无法听懂他的话，自顾自地继续忙碌着。第三次，小蜘蛛结网失败了。第四次，小蜘蛛结网又失败了。他很好奇，想知道这个小东西到底有多少力量，可以承受多少次失败。他甚至开始敬佩它了，因为它实在很坚强。

等到小蜘蛛开始结第六次网的时候，他已经从敬佩开始转为惊讶了。因为这只小蜘蛛，根本就没有在意前面的失败，它不知疲倦地忙碌着，似乎眼中就只有这一件事，似乎知道自己最终一定可以织成一张漂亮的大网。它不沮丧、不气馁，更不害怕，它只知道努力做好自己应该做的事情。

在第七次，小蜘蛛终于结成了一张漂亮的大网。当网结成的那一刻，小蜘蛛盘踞在网的中央，像一个骄傲的国王。

威灵顿将军哭了。在与敌人的交战中，在枪林弹雨里他没有流过一滴眼泪。但是这个时候，看着那只永远不肯服输的小蜘蛛，他却流下了泪水。因为他明白，这只小蜘蛛已经给他上了人生最宝贵的一堂课，那就是：失败的时候，如果能用自己的意志再次爬起来，就可以把失败踩在脚下，迎来成功。

他走出了失败带来的阴影，鼓起了勇气，迅速集结起被冲垮的部队。他用最慷慨激昂的语调告诉士兵们，一次的失败并不

能代表什么，只要够坚强，就一定可以反败为胜。

谁说不是呢？他和他的士兵们，用坚强的意志战胜了一切困难，终于在滑铁卢一战中大败拿破仑，取得了决定性的胜利。

每一次的失败与挫折都会使一个勇敢的人更加坚定。请看清楚，是勇敢的人。对于那些不勇敢，意志软弱的人来说，每次的失败只能是一个痛苦的教训和一枚苦涩的果实。因为意志软弱的人，不会在失败后有爬起来的勇气。而爬起来，则成为了走出失败最重要的一环。可以说，如果没有跌倒的激励，很多人都无法激发出自己无与伦比的意志。而只有这种无与伦比的意志，才能带着那些曾经失败了的人，走出失败的阴影，摘取胜利的果实。

对于职场中的我们来说，失败一次算不了什么，那仅仅只是一次跌倒。我们一定要记住的是：从哪里跌倒，就要从哪里爬起来。不要让别人来搀扶，只用自己的意志，慢慢地，一点一点地爬起来。我们要把这个过程当作强化自己意志的过程，当我们终于爬起来的时候，实际上意志已经坚如钢铁。那么挫折，在我们眼中，只是小儿科。

我们要记得：无论什么样的困难和挫折，都只能仰望我们坚强的意志。当我们用坚强的意志从失败的阴影中爬起来的时候，其实已经准备好了，去迎接成功的到来。

当在工作中遇到困难和挫折，跌倒了的时候，我们准备好再爬起来了吗？

6. 坚强的意志是一把刀

法国文学家罗曼·罗兰说：“最可怕的敌人，就是没有坚强的信念。”

人生处处是战场。无论我们生活在什么样的环境中，无论我们做什么，或者从事什么样的工作，只要活着，我们就必须在人生的战场上左冲右突，奋勇拼搏。我们的敌人很多，明里暗里，山上崖下，几乎都藏匿着我们的敌人。它们或者是一些困难，或者是一些危机，或者是一些自满，或者是一些骄傲，等等。正如罗曼·罗兰所说，在这些众多敌人中，我们有一个最可怕的敌人，那就是没有坚定的信念和强大的意志。这个敌人很狡猾，也很难对付，我们要想去战胜它及它身后的那些敌人，赤手空拳是不现实的。我们需要武器，运用武器的力量去战胜它们。

坚强的意志是一把刀。没错，坚强的意志就是我们战胜那些敌人的终极武器。

"乐圣"贝多芬从小就饱受命运的折磨。他出生在一个非常贫穷的家庭，但是上帝却并不因为贫穷就让一家人和谐相处。因为，他有一个脾气刚烈、个性自私、又非常没有责任感的父亲。他的父亲，是一个十足的酒鬼，整天与酒为伴，对家根本就不管不问。家里所有的重担，就落在了母亲的身上。母亲经常靠给人洗洗补补，挣得很少的一些钱，来补贴家用。

这样的生活环境，构成了小贝多芬糟糕的童年，也养成了他孤僻、倔强和独立的性格。在家庭不和谐的战火之下，他的意志慢慢变得越来越坚强。为了可以让他能够尽快赚钱，他的父亲急于想把他培养成为一个像莫扎特一样的音乐神童。于是，每天都会逼迫他练琴和演出，稍有不如意就会毒打他一顿。

但在这样的紧逼之中，小贝多芬却进步神速。因为他清楚地知道，只有自己变得强大起来，才能摆脱父亲的控制。他拼命地学习，拼命地练琴，以惊人的速度融入了音乐的世界。12 岁的时候，他开始作曲。14 岁的时候，他就参加了乐园并领取工资补贴家用。17 岁时，正当他以为可以松一口气的时候，疾病却夺走了母亲的生命。他悲痛欲绝，为可怜的母亲和自己悲惨的命运流了一整夜的泪水。

虽然痛苦，但是坚强的意志却迫着他要快速从对母亲的回忆中走出来。因为，母亲去世了，家里却还有两个弟弟和一个堕落的父亲需要他来养活。他擦干了眼泪，挺起了还稍嫌稚嫩的肩膀。正当他拿着一把意志的大刀，准备在人生的道路上披荆斩棘的时候，挫折却又向他袭来。

没过多久，他得了很严重的病。这种病几乎让他丧了命，但是在生死边缘徘徊了许久之后，他却又奇迹般地康复了。是他坚强的意志拯救了自己，因为在病榻上，他念念不忘的，始终是自己那两个有待抚养的弟弟。

贝多芬几乎成了苦难的象征，他一直在抗争，一直在奔跑，可是似乎总也跑不出苦难的魔爪。每一次面对生活的折磨，他都会咬紧牙关，用坚强的意志挺过来。可是，当他以为苦难终于过去的时候，却又会面临更大的苦难。

尽管他的成就越来越高，尽管他的名气越来越大，可是命运却似乎还要再次考验他的意志。28岁那年，他的听力出了问题。先是耳朵日夜作响，继而是听觉日益衰弱。当他去野外散步的时候，再也无法听到农夫的笛声了。这对一个音乐家来说，是多么的可怕。一个创作音乐的人，将再也无法听到美妙的音乐，更无法听到自己创作的音乐，这是多么的让人恐惧和无奈。贝多芬也不愿意去相信，但是事实却又那么真真实实地摆在面前。他真的是聋了。难道说，真的要向命运屈服吗？他没有，他不愿意向命运屈服，不愿意向困难低头，更不愿意让自己离开音乐世界。他举起了意志的大刀，高喊着号子，冲杀进了人生的战场。

无法听到音乐，在作曲的时候，他就常常把一根细棍咬到嘴里，借以感受钢琴的振动。虽然享受不到美妙的音乐，但他硬是用细腻的感觉，打开了自己的创作之门。他用自己无法听到的声音，倾诉着自己对大自然的挚爱，对真理的追求和对未来的憧憬。世界文明的《命运交响曲》就是在他完全失去听觉的状态中创作的。他始终坚信：顽强地战斗，通过斗争去取得胜利。

是的，在命运多舛的人生战场里，他始终高举着手中那把意志的大刀，漂亮而潇洒地挥洒着自己的人生。

坚强的意志是一把刀。在我们的人生战场里，我们需要用这把刀，指引着我们走出困难，从挫折走向成功。我们甚至可以做一个思考，倘若贝多芬自小在父亲的毒打之下就失去了坚强的意志这个终极武器，会出现什么样的情况？结果自是毋庸置疑的，这个音乐天才，将会被永远埋没在碌碌无为的人潮之中。是坚强的意志，帮着他从艰难困苦中脱颖而出，谱写出了人生最美妙的乐章。

在职场中，当工作无法改变的时候，我们总需要去做些什么。因为我们无法在职场中像逛商场一样闲适，我们需要生存，我们需要成功。所以，我们要去改变。其实很多时候，无法改变外界环境不是我们的悲哀，我们的悲哀是明知外界环境无改变，却仍然会流着泪做无谓的挣扎。何苦来着？地球环境恶化了，我们拼命想去研究一台超时空的机器，让地球上的时间倒流一百年，让环境重新变得好起来，这现实吗？或许这对科学家来说，是有待研究的项目，但对于我们来说，则有些太过于遥远和不现实。其实，我们完全可以换一种方式来改变地球的环境，那就是从自身的改变做起。

我们需要改变自己。但遗憾的是，在很多时候，我们却又缺少一种坚强的意志作为武器。所以，在很多时候，我们的“想要改变”就会变成一句信誓旦旦的空话。这，才是我们的悲哀。学会慢慢让我们的意志变得强大起来吧！强大的意志是一把刀，可以带着我们更好地融入工作。

第五章

调整情绪，把快乐融入工作

工作是一个爱耍脾气的孩子。当它快乐的时候，会变得简单和容易起来，哼着曲儿向前奔跑；当它不快乐的时候，会耍小孩子脾气，拖拖拉拉不肯前进。倘若要想工作变得轻松和容易，你就需要给你的工作一个快乐的心情。怎么给？很简单，你快乐，它就快乐。《你的误区》一书的作者韦恩·戴埃说："你应对自己的情感负责。你的情感是随着思想而产生的，那么，你只要愿意，便可改变对任何事物的看法。"调整好你的情绪吧！要把快乐带给工作，让它快快乐乐地向前发展。不要说你今天不快乐，你可以调整，你可以改变。

1. 你今天心情不好吗？

每个人都会有忧郁的日子，也许是因为经历了不开心的事，也许会没有来由地心情不振、怅然若失。既然我们每个人都经历过不开心的日子，那么自然也清楚心情不好会带给我们一种什么样的状态。不好的心情会像一剂不小心贴在背上的膏药，甩不掉、拿不走。在那一天或者几天当中，我们本来应该过得舒舒服服，开开心心，可是这剂“膏药”却让我们吃尽了苦头。无论做什么，我们都要去想着那些不开心的事。想着想着，不好的心情就成了那段时间我们生活的主旋律。

我们会发火，会暴躁，或者会有想揍人的冲动，或者会有想要逃避的意愿。总而言之，不好的心情会使我们像一只被霜打过的茄子，蔫得让人心疼。但是，坏心情带来的还不仅如此，在坏心情的影响下，我们活跃的动力将会大打折扣，将再也无法全心全意投入到某一件事情当中。因为，坏心情让我们“实在没有心情去做”。对了，如果我们今天心情不好，那么无论做什么，都将是一团糟。

谁也不知道我们会因为一件什么样的事情而心情不好，或许也会像前面所说的一样，会莫名其妙的心情不好。坏心情总是会带给我们很多负面的东西，所以我们一定要学会正确对待自己的情绪。当然了，脾气再好的人也无法能够完全控制得住自己的脾气，当遇到一些在其忍受程度之外的事情时，他们依然会生气，依然会心情不好。我们所说的正确对待自己的情绪，指的是尽量远离那些坏的情绪，即便是那些坏情绪还是无可避免地到来的时候，我们也要想方设法让它们成为胸怀中的一团烟雾，风一吹，就散了。

在这里，我们要阐述一种概念，那就是情商。什么是情商？情商主要是指人在情绪、情感、意志、耐受挫折等方面的品质。情商是人一生重要的生存能力，是一种发掘情感潜能、运用情感能力影响生活各个层面和人生未来的关键因素。一个人想要在社会上获得成功，起作用的不仅仅是智力因素，还有情绪智能。而且两者各占的百分比很奇特，前者只占了20%，后者则占了80%。这也就是说，一个人想要成功，情绪智能占据了主导地位。在这里，我们暂且不管其他，只阐述情绪智能对我们的人生有多么的重要。不好的心情也属于情绪智能，可以这样说，如果我们总是会被不好的情绪所左右的话，那就只能是一个情绪智能上的弱智。

所以无论如何，别让不好的心情占据我们的心灵。当我们遇到那些无法避免，一定会让我们心情不好的事情之时，我们不妨学会开门见山地去告诉它们：走开些，我不喜欢你们！学会心胸豁达一些，那么，不好的心情，对于我们来讲，就只能是一阵风。

有个小伙子总是习惯于每天愁眉苦脸，一些小小的不如意就能让他烦躁不安，心情糟糕。有很多时候，即便是那一天没有发生什么事情，他也总会想起以前那些不开心的事，想着想着他就又会心情不好。工作业绩不好，他会连续很多天都为此忧心；老板无心的两句话，他会为此揣摩半天，总是在担心，怕老板对自己有意见。他对朋友说："我也不知道自己是怎么回事了，每天都会心情不好！这几乎是一种病，完全影响到了我的生活和工作！"

有一次，他去参加一个很重要的谈判会议，但是在去的路上，他却又想起了上次谈判的失败。那次谈判的失败，让他失去了一个很大的客户。不过一直到现在，他都不知道上次为什么会失败。"这次，会不会又和上次一样呢？"他很担心。

会议还有一会儿时间才开始，他趁机去了洗手间，站在镜子面前整理了一下自己的着装。他想让自己看起来精神点，给对方留下一个好的印象。但是，看到镜子中自己的脸庞，他吃惊了：这是自己吗？他看到了一张无精打采、愁容满面的脸，那张脸明明白白地证明了自己的心情是多么的不好。在那一刹那，他忽然明白了,找到了自己上次谈判失败的原因。他一直找不到自己谈判过程中的疏漏,原来工作上根本没有疏漏,唯一的疏漏是,他让别人看到了愁容满面的脸。他的坏心情影响了别人,也让别人对他失去了信心。

他反问自己:我为什么要让坏心情来影响我?今天我又心情不好了吗?我曾经吃过坏心情的苦头,难道今天还要把自己的坏心情带给别人吗?我其实是可以带给别人快乐心情的啊!

这样想的时候,他忽然感到自己明白了一些从来没有想到过的东西。他收拾起自己的坏心情,洗了把脸,开开心心地回到了会议室。我们猜怎么着?这场谈判会议,他获得了前所未有的成功。

“我们今天心情不好吗?”当我们遇到让一些让我们生气、烦恼抑或是委屈的事情时,当我们满面愁容时,请试着这样问问自己。如果我们的心情很好,那就学会保持自己的好心情。如果我们的心情不好,那么这句问话,就是给自己敲响了警钟:我们到底想要将不好的心情带给谁?不要心情不好可不可以?没有人愿意把不好的心情带给自己,那只会让自己在这一天过得不快乐。当我们不快乐的时候,也总会影响到身边的人,让身边的人也不快乐。可想而知,没有一个人在看到身边的人心情不好时能够开怀地大笑。

所以,当我们心情不好时,总会带来恶性的连锁反应。恶性的连锁反应会带来不好的后果,而首当其冲品尝到这枚果实的,只有我们自己。

周先生在一家矿业公司担任客户经理已经3年了。他为人不错,但总是不太善于控制自己的情绪,有时候遇到一些不开心的事情,他能好几天在同事面前拉长了脸。因为这个原因,业务能力优秀的他始终没有升迁的机会。

他心里当然对公司非常地不满,愤懑之余,他决心投奔猎头的“召唤”。正巧在这个时候,有一家外资矿产公司在寻找客户总监的合适人选。通过猎头和对方的人力资源反复“过招”之后,对方对他的客户资源和行业背景非常感兴趣。机会来了,只需要再经过最后一次面试，就可以拍板定下来。他在心中暗自高兴。

面试当日，他本来打算起个早，但无巧不巧，定好的闹钟居然没有响。还好他醒来得及时，没有误点，只是当他赶到对方公司的班车等候点时，班车已经走了。为了能够按时赴约，他咬咬牙，打了个车，横穿了整个城市。这样的情形让他心情坏到了极点，一路上，他在心里不停在咒骂，骂自己的闹钟不争气，骂对方公司的班车不肯多等两分钟，还骂出租车司机怎么不开快点车。

等赶到对方公司的时候，距离约定的时间只有几分钟了。他心急火燎地跑进了电梯，可是电梯的门合上了，他没有移动，因为超重的铃响了。电梯内一阵沉默，大家谁都不愿意做出牺牲，走出电梯。门开了，又重新关上，接着又开了……他的心情坏到了极点，简直无法再忍受下去。当电梯门再一次打开的时候，他在心里咒骂着，抬脚准备出去。这个时候，正好有一位女士匆匆忙地跨进了电梯，在无意中踏到了他的皮鞋。

他终于再也无法克制住自己的坏心情，冲着那位女士大喊了起来。即使那位女士慌忙道歉，他还是满腔怒火地将其挖苦了一通，然后顺着楼梯扬长而去。其实连他自己都不清楚，为什么会发那么大的火，为什么会那么暴躁。

几分钟后，他终于坐到了那家公司的会议室里。正当他暗自庆幸对方面试官还没有来的时候，会议室的门开了。推门进来的，正是他刚才狠狠挖苦的女人。

对于这个故事的结果，我们可想而知，他肯定会和这份工作失之交臂。其实他什么条件都具备，却唯独缺失了调控自己情绪的能力。对于一个情商上有些“弱智”的人，想必任何一家公司都不敢将其放在高管的位置上。一个人，如果连自己的情绪也无法调控的话，还能做出什么成功的事来？

我们今天心情不好吗？如果这是一种“病”的话，我们一定要想方设法地找出“病因”，并加以治疗。如果我们今天心情不好，总是不好，那将无法做成任何事情。因为不好的心情，总是会为我们带来种种负面情绪。

我们因此烦躁、失落和沮丧。想想看,如果我们的心境总是处于地心岩浆的上面,还会有心思去做什么事情吗?当然不能!只要能够压着恶劣心情,不让“岩浆”爆发,已属万幸。

改变自己,也学会改变自己的心情。试着问问自己:我今天心情不好吗?为什么会不好?也许这些问题,会带给我们一个轻松愉悦的好心情。

2. 不必把得失挂在心上

我们为什么总是会有情绪?有人说,我总是会遇到这样那样不顺利的事,这些事情让我不开心;也有人说,我总达不到自己的理想,自然会心生烦躁了;也有人说……人生在世,琐事纷扰,如果真要坐下来细细品评自己为什么总是会有情绪,也许每个人都可以说上三天三夜。因为,原因太多了!或许一件芝麻绿豆点的小事,就足够我们烦上三天三夜。这就是我们总是有情绪的原因。

但将这些原因剖开了,往深里去发掘,我们就会发现:所有的原因其实都只是一种表象,真正让我们总有情绪的原因还在自己身上,因为我们总是喜欢把得失挂在心上。和人吵架了,我们心里会有几个小时,甚至几天不舒服,因为我们在计较:他凭什么可以这么骂我?我又没有做错,做错的是他!这样一想,情绪就出来了,总觉得自己冤枉,总觉得自己吃亏。遇到倒霉的事了,我们心里会发生感叹:这事为什么会发生在我的身上?如果不是发生在我的身上,也许我就不会是现在这种情况了。这样一想,情绪也出来了,总觉得自己运气不好,总觉得老天该骂。很多时候,我们那些各种各样的情绪,都是从患得患失的心态中产生的。

所以,当我们想要改变自己的时候,当我们想抛开那些总会影响我们工作,影响我们生活的情绪的时候,就需要做到不把得失挂在心上。

古人说得好：春有百花秋有月，夏月凉风冬有雪；若无闲事挂心头，便是人间好时节。如果可以做到这样，我们那些微情绪，就变得微不足道了。因为当我们的心胸放开的时候，也抛开了对得失的计较，那么又怎么总会被生气、消沉、烦躁和不安等情绪所包围呢？我们需要调整自己的情绪，就一定要做到不把得失挂在心头。

陶潜因为被生活所迫，不得已而走上了仕途。29岁的时候，他曾经做过江州祭酒。但因为性格耿直，他很难在官场上左右逢源，所以干了不长时间，便自动请辞回家种田。后来，州里又请他去做主簿，他也不愿意接受，推辞之后就一直在家种田。但是在那个时代，农民要想过好日子并不容易，他身无长技，只会读书写字，所以日子过得相当清苦。

40岁的时候，为了解决家里的生活问题，他不得不再次出山，在刘裕手下做了镇山参军，后来又改做彭泽县令。可是，他的性格注定了无论怎么努力，都无法在官场里走下去。他总是把自己对官场黑暗的憎恶情绪带在了身上，以至于在官场寸步难行。彭泽县令，他总共只做了80多天，便辞职回家。

辞官回家以后，他的心态忽然开朗起来。从官场走到田园，他就好像是从乌烟瘴气的鱼市走到了一个空气清新的花园，蓦地放下了所有的一切，也放下了羁押在自己心头多年对官场的不满。他只感觉到舒服惬意，满心畅快。放下了一切，也让他感觉到了前所未有的轻松。在这种心态之下，他才思敏捷，灵感如同滔滔江水，滚滚而来。很快，他就写出了脍炙人口的名赋《归去来兮辞》。

从此以后，他就带着家人，过着自耕自食、纺纱而衣、无忧无虑的生活。纵然生活有些清苦，但放下了一切，他便感觉不到了清苦。平时有空的时候，他就写写诗文，以寄托自己的思想感情。他后来写的田园诗作达到了很高的水平，成为了中国文化的宝贵财富。

很多时候，不把得失挂在心上，其实就是一种放下的心态。我们放下了一些不必要的执著，其实在一转眼间，便又洞悉了另外一番天地。有旷达之性，就可以逍遥于世，轻松做人，轻松工作。想想看，自己去主宰自己，超然于世，不把得失放在心上，又怎么会受到那些情绪的困扰呢？

在生活中，我们每天都要和别人打交道，也总会遇到一些让我们情绪大起波澜的事情。那么遇到这些事情的时候，不把得失挂在心上，就成了最好的解决之道。很多时候，我们无法使自己的情绪不起波澜，遇到一些让我们生气、烦躁的事情，也就成了平常之事。但在经历这些事情之时，我们却一定要学会不把得失挂在心上。也就是说，要学会用这种心态，把这些事情带给我们的影响囚禁在一个很小的圈子之内。如果我们和朋友吵架了，也生气了，那么这个“圈子”的范围就只在这一刻，生气过后，我们要学会很快放开，带着一颗平静的心重新投入生活，投入工作。

这才是有智慧的人应该使用的方法。

一个采药人独自进入深山采药，当他从一处深不见底的峭壁上走过时，忽然失足掉了下去。在下坠的过程中，求生的欲望使他双手乱抓，终于抓住了峭壁上垂下来的一根藤条。他抬头看看上面，知道绝对无法爬得上去；他又低头看看下面，依然是雾气缭绕。他有些慌了，在这种上不着天，下不着地的地方，自己应该怎么办？

正在这时候，他看到佛陀出现在悬崖上，正看着自己。他高兴起来，大声对佛陀说：“佛陀，求求您大发慈悲，救救我吧！”

佛陀说：“要救你并不难，但是，你必须要答应听我的话，这样我才能救你上来！”

他一听，马上答应：“您是救苦救难的佛陀，我当然什么都听您的了！更何况到了现在这种地步，我又怎么敢不听您的话呢？”

“那好吧！我现在就救你。你只要把攀住藤条的手放下，就可以得救了！”佛陀说。

他吃了一惊，心想佛陀怎么会这么做，于是就对佛陀说：“佛陀，我诚心地祈求您来搭救我，可是您为什么却要害我呢？如果放下藤条，我势必会掉到万丈深坑，跌得粉身碎骨，哪里还会有命在？”

佛陀看见他不肯放手，摇了摇头，转身离开了。这个人紧紧地抓住藤条，他生怕自己一松手，就会掉下去摔死，索性用藤条把自己绑了起来。他想：总会有别的采药人路过这里，如果有人来，我就可以得救了。

可是，一直没有人来。到了后来，他实在熬不住了，想起了佛陀的话，就想松开手试试运气。只不过那个时候，他已经饿得连解开绳子的力气也没有了。在他奄奄一息的时候，一阵大风吹过，他却吃惊地发现，原来自己的脚离地面只有很小的一段距离。

如果可以放手，他早已救了自己。

在生活中，有时候放手，确实是救了自己。当我们放开那些不必要的执著，放开那些牵绊着我们情绪的得与失时，我们就会发现，原来那些过了火的情绪原来是如此的可笑。生气了，为什么要一直气在心里？忧愁了，为什么要一直愁在心里？纵然我们现在心里存在着这些情绪，也要学会不计得失，学会放开，只有这样，我们才会总是生活在快乐之中。

不必把得失挂在心上，放开那些羁绊我们情绪的枷锁，我们会发现，原来掌控自己的情绪，并不是一件很难的事。

3. 别把情绪带到工作中去

处险而不惊，遇变而不怒。这是职场的中庸之道，也是我们可以在职场中很好地生存下去的必备素质。如果我们无法很好地调整自己的情绪，就无法把自己最佳的状态带到工作中去，也无法以最友善的姿态和同事相处。缺失了最佳的工作状态，我们会很难把工作完成得最出色；缺失了友善的姿态，我们将会失去同事的信任。这两点情况，无论哪一种发生在我们身上，都只能诞出苦涩的果子。

我们有过这样的经历吗？动辄大怒，把同事送来的笑脸瞬间凝为坚冰；心情烦躁，把工作弄得一塌糊涂。同事得罪我们了吗？工作很难吗？当然都不是！之所以会如此，是因为我们心情不好。恶劣的心情就像一枚随时随地会爆炸的炸弹，无论处在什么地方，都能将周遭的一切炸得乱七八糟。把情绪带到工作中去的人，是情绪的奴隶。或者他们本来很聪明，知道要和同事搞好关系，知道要平心静气地工作，才能充分发挥自己的潜能，把工作做到最好。可是，一件事改变了他们的心情，也影响到了他们的情绪，他们完全被不好的情绪俘获了，不由自主做着连自己都难以理解的事。他们会莫名其妙地对同事发脾气，魂不守舍地进行着自己手头的工作。自然而然，这两者，他们无法完成好任何一件。

别把情绪带到工作中去。我们说过，职场是一个斗争激烈的战场，在这个战场上，到处都充满了没有硝烟的战争。每一个细微的疏忽，都有可能会导致我们惨败的命运，所以我们要仔细，小心，谨慎。如果把情绪带到工作中去，坏情绪会把我们防守严密的保护网破开一个缺口，让敌人乘虚而入。其带来的后果，不言而喻。

丁远峙先生在《方与圆》一书中曾经讲过这样一个故事：

有一个经理无缘无故地受到了客户的一顿谩骂，心里非常的不舒服。他不善于调节自己的情绪，对这事一直耿耿于怀，正好这时办公室主任有事汇报。看到自己下属过来，这位经理就把自己的坏心情发泄到了下属的身上，狠狠地将其批评了一通。办公室主任也和经理一样不善于调节自己的情绪，遇到秘书的时候，就将秘书又骂了个狗血喷头。秘书哪里受得了这个气，于是就把来接自己下班的男朋友臭骂了一顿。有意思的是，这位无缘无故受了女朋友骂的小伙子，更不善于调节自己的情绪，他也想发发脾气，可是却又找不到发泄对象。这时候，一只猫从他身边走过，他抬腿就把猫踢到了一边。

这个故事的名字就叫作《踢猫》，非常值得人深思。在这个故事里，小猫是最后的受害者。可是，我们想一想，就只有小猫受到伤害了吗？当然不，可以说，故事中的每个人，都受到了伤害。包括那位经理，也是一个受害者，因为不善于调节自己的情绪，把情绪带到了工作中去，他和下属的关系出现了微秒的变化。假如说，那位办公室主任是一个容易记仇的人，那么这合算吗？上司和下属之间出现了裂痕，无论对哪一方来说，都不见得是什么好事。这是把情绪带到工作中的恶果。

其实想一想，至于如此吗？一个善于调节自己情绪的人，就应该明白：工作是工作，它掺杂不得一点除工作之外的东西。即便是因为工作上的事闹了情绪，那么当重新开始工作的时候，我们也要把这种情绪扔到一边。一个很简单的道理就是，有没有这种情绪我们都要工作，而带上了情绪只能使工作越来越糟。这样看来，带着情绪工作，实在是最不划算的一件事。

对于初入职场的人来说，实习是一个非常重要的阶段，因为当实习期满的时候，是去是留，就取决于在实习期间的表现。在某大药店，同时来了两个实习生，小张和小李。

小张和小李对工作都很认真，但在工作能力上，小张就要略逊于小李了。小李的业务能力很强，适应能力也很强，来药店工作没有几天，就能很快上手。这让一起来实习的小张艳羡不已，表示要向其好好学习。不过有意思的是，等到3个月的实习期满，能力出众的小李并没有被留下，而能力稍差一些的小张则被留下了。这到底原因何在？

药店的店长给出了答案。他只说了一个原因，那就是小李特别容易情绪化。

在3个月的实习期间，只要心情好，小李就会眉飞色舞，吹着口哨上班，高兴的时候还会打个响指。虽然大家有些看不惯，但都没有说什么。因为有这么一个开开心心工作的年轻人在身边工作，毕竟是件让人高兴的事。大家还有一个想法，那就是小李刚刚从学校毕业，还不太成熟，有这种幼稚的举动也情有可原，可能一段时间之后，他自然能慢慢成熟起来。

事实也确实如此，小李虽然有时候会开心得过了头，但是对工作还是挺积极。心情好的时候，对来药店的顾客他都会热情相待、服务周到。包括同事间的相处，他做得也很好，会经常为店里的老员工做些打开水、换灯管之类跑跑腿的小事。

但是，他的情绪化却不仅限于心情好。当心情不好的时候，他还是无法调节得好。顾客来店里买药，他总是爱理不理；同事有事需要帮忙，他总是动也不动，一张脸阴沉得让谁看了也不舒服。很多时候，同事一连喊他好几次，他也没有什么反应，完全沉浸在自己的坏情绪之中。

有一次，他在上班的路上和路人发生了口角，然后怒气冲冲地赶到药店上班。结果那一天，他都把脸拉得很长。有一位顾客来买药，想让他拿一种药过来看看。他就满脸不耐烦地说："看不见吗？不就在那里放着吗？你要买就买，怎么这么多事！"顾客脾气很好，忙解释说："我的眼睛近视，这么远看不清楚。"让人吃惊的是，他居然大声对顾客嚷道："早知道近视为什么不戴眼镜过来？真是麻烦！"顾客脾气就是再好，这时候也忍不住了，和他吵了起来。一直到店长过来，这场风波才算平息。

还有一次，一位顾客来药店反映说是上次买药时小李收错钱了。那天小李正好也有些心情不好，听到顾客这么说，就火了，非说是顾客诬陷了他，并让其赔礼道歉。顾客当然不服气，就和他吵了起来。动静闹大了，惊动了店长，店长慌忙向顾客道了歉，并和顾客一起查阅了那天的收款凭证。结果发现，小李并没有收错钱，只是这种药的价格在前段时间调低了，而顾客却没有了解到这种情况，导致产生了误会。事情弄清楚了，顾客也很不好意思，向小李道了歉。没有想到，小李却拉长了脸，说了一句："买不起就别买！"顾客大为光火，这使战火又重新燃了起来。

店长说："这么容易带着情绪来上班的员工，我实在不敢用。他可能会带给顾客好的心情，但在更多时候，他会得罪光所有顾客。所以，即使他很优秀，我也不敢用。"

这是一定的，如果带着情绪去工作，只会使工作越来越糟。退一万步来讲，即便是我们总是像小李一样，带着过了头的兴奋去工作，是不是也会影响到工作？当然！想想看，如果我们买彩票中了一万块钱，但是不能调节好自己的心情，一整天工作时心情都处于极度兴奋的状态，这样好吗？这样的话，我们同样无法安心做好自己手中的工作。当然了，大多数人带进工作中的情绪，都是自己的坏心情。坏心情会带给工作什么样的坏处，我们已然明了。

别把情绪带进工作中去，工作是一个单纯的个体，不需要掺杂别的东西。我们把情绪带进工作中去，会不由自主地引发工作中的恶性反应，会使一切变得越来越糟。也许一时间我们无法做到不把情绪带进工作中去。但是，不要着急，慢慢试着调整自己的情绪，我们可以做得很好。

4.

深呼吸，工作需要平心静气

快乐的生活，快乐的工作，需要有一颗平静的心。很多时候，我们总会受到情绪的影响，把自己的心情带到了工作中。无论心情好还是不好，我们都习惯了将其当作自己日常行为的一部分。我们甚至还会有这种感觉：当心情不好的时候，如果非要尽力克制，勉强自己不去想那些不好的事情，将会是一件很痛苦的事情，反之亦然。所以在很多时候，我们会无法自制地将自己的心情带到了工作中。

这种做法当然很不明智。我们的工作，就如同一台正在运转的机器。如果想要这台机器正常而有效地运转，我们就需要认真操作，定期维护。所以我们要专心、专注、细心，定期给机器加点油润滑，保养一下也是必不可少的工作。但是，如果我们将心情带到工作中去了，太好或者太差的心情，却总会分散我们的精力，让我们无法安心投入到工作中。那些过于激烈的情绪，甚至还会成为润滑油中的渣滓，让在正常运转的机器发生故障。这样的话,只会导致机器无法正常运转,或者勉强工作下去了,也无法达到我们想要的效果。

所以,我们要切记不要将情绪带到工作中。当然了,这并不是说我们在工作的时候不需要激情,工作当然需要激情,带着激情投入工作,才会把工作完成得更加漂亮。但是激情和那些情绪完全是两个不同的概念。激情是一种催人上进的力量,和买彩票中500万的兴奋是不一样的。前者使人带着目标大步前进,而后者只会让人带着狂喜而忘乎所以。至于负面情绪,毋庸多言,我们已经知道将其带到工作中会带来什么样的危害了。

总而言之,工作的时候,我们的心情要像河水一般平静而不失激情,只有这样去工作,才能将工作完成到最好。

其实很多人都明白这个道理,可是就像我们上面所说的一样,真正想要做到这些的时候,却有些不容易了。这个道理很简单,每个念过书的人都会写字,可是,要想使自己写出来的字像作家一样组织成一篇优美的文章,却不是每个人都可以办得到的。很多时候,我们明白道理是一回事,脚踏实地做起来却又是另外一回事。

虽然这样,但悲观却大可不必,想要自己平心静气地投入工作,绝对没有作家写出一篇好文章那样的难度,只要我们学会努力控制自己的情绪,就可以办到。当我们受到情绪影响的时候,不妨先做一次深呼吸,让自己的心态平静下来之后,再重新投入工作。

奥斯特瓦尔德是德国著名的化学家。有一天,他的牙病又发作了,虽然这是老病,可是强烈的痛感还是狠狠地刺激着他的神经,让他茶饭不思。这情形使他情绪很坏,带着这样的情绪,他走进了工作室。

工作室的书桌上,放着一大摞文件资料。他走到书桌前,顺手拿起了一位不知名青年寄来的稿件,粗粗地看了一眼。坏情绪使他心情烦躁,一刻也静下心来,也无法投入工作。他只觉得,那名青年的稿件上满纸都是奇谈怪论。他不耐烦了,甚至都没有看完,就把这篇论文丢进了纸篓。

几天以后,他的牙痛好了,情绪自然也好多了。当他静下心来时，忽然脑中有了一些灵感，似乎想起了什么，但具体是什么，自己却又不确定。于是，他开始到处翻查资料，希望能印证自己脑中的灵感。可是，无论怎么样努力，却一直没有找到。他有些丧气，抬脚踢了踢自己书桌旁边的纸篓。

忽然间，他想到了，明白了自己的灵感从何而来。他赶紧走到纸篓面前，从里面找出了一份稿件。这份稿件，就是那位不知名青年寄来的。当他重读稿件时，不禁满心欢喜，因为他发现，这是一篇很有科学价值的论文。他的"灵感"其实就是来自于前几天的匆匆一瞥。他暗呼一声侥幸，因为自己的情绪不好，差点儿就把一位天才的一篇极有科学价值的论文扔进了纸篓。他很懊悔，马上写信给一家杂志社，加以推荐。这篇论文发表以后，轰动了整个学术界，而这篇论文的作者，则在后来获得了诺贝尔奖。

很有意思的一个故事，一个诺贝尔奖获得者的命运，居然差点儿被奥斯特瓦尔德先生的坏情绪给毁掉了。想想看，倘若奥斯特瓦尔德的牙如果再疼几天，疼到纸篓被人清理了，会出现什么样的情形？说不定，那位诺贝尔奖获得者，将会永远成为一个被埋没的天才。我们在捏一把汗的时候，不妨想一想，把情绪带到工作中，是不是真的很可怕？

确实是可怕！

由于职场的压力很大，这导致了很多职场中人很容易"感染"情绪的病毒。既然我们知道了情绪病毒的危害，就要想尽办法去改正。所以当我们被情绪所困扰时，一定要学会深呼吸，调整一下自己的情绪。我们所说的深呼吸，和科学意义上的深呼吸有所不同，指的是在情绪不好时，要学会给自己一个调节的时间。这个时间不需要很久，一个深呼吸就足够了。

愤怒时，做一次深呼吸，把不能遏制的怒火悄悄用理智熄灭，不至于使周围的合作者望而却步；消沉时，做一次深呼吸，把自己萎靡的情绪悄悄踢出心间，不至于错过稍纵即逝的机会。有人说，人一定会有种种各样的情绪，这是人对外界刺激的正常反应，在生活中、工作中在所难免。我们认同这种方法，但学会调节自己的情绪，也是人正常的反应，既然可以发火，可以不快，为什么不可以不把这些情绪带到工作中去？拿破仑·希尔说过：自制是人类最难得的美德，成功的最大敌人是缺乏对自己情绪的控制。

做一次深呼吸，调节好自己的情绪再投入工作，也是我们的美德。

5. 好的心情，收获高的效率

每个人都是一个国王，管理着自己的一方领地。在这片领地上，我们可以飞扬跋扈，也可以温柔如水；可以勇敢果决，也可以优柔寡断。但是请记住，在自己的这片领地上，我们怎样去做，就会收获什么样的果实。如果我们心情不好，难过烦躁，那么这里的天空就会被乌云和黑暗笼罩；如果我们心情愉悦，那么这里的天空就会艳阳高照。只有在晴朗的天空下工作，我们的工作才能取得最好的成效。

好的心情，才能收获高的效率。好的心情就像盎然的春光，照在身上暖暖的，可以轻松驱散心中的阴霾；好的心情就像轻柔的微风，刮在身上痒痒的，可以悄悄刮走我们满身的疲惫。可以说，好的心情，会使我们的身心得到最好的休息，也会使我们的身心恢复最大的活力。当活力充溢我们全身的时候，当状态调整到最佳的时候，无论做什么，潜能都会如泉水一样滚滚涌来，让我们充满了战斗的欲望。

这个时候，无论做什么事，无论做什么工作，我们都能完成得漂漂亮亮。

艾伦是美国一家餐厅的经理。她是一个非常乐观的女人，无论什么时候，她总会有一个很好的心情。当朋友们问她最近过得怎么样时，她总会快乐地回答："我过得很好呢！总是很快乐！”

她曾经换过一次工作，那一次，是因为她的前任老板是一个非常暴躁的人。那个老板总是喜欢带着自己的情绪来工作，常常是毫无缘由地责骂她。于是，她离开了。有意思的是，她离开的时候，几乎所有的服务生都跟着她换了另外一家餐厅。有人好奇地问其中一个服务生：你为什么要跟着艾伦走？那名服务生说：艾伦是一个天生的激励者，她总是开开心心地面对我们，开开心心地和我们一起工作。如果有某位员工今天运气不好，或者心情不好，她总是适时地告诉那位员工要往好的方面去想。所以，我们每个人都愿意和她共事。

有朋友问艾伦：“我实在不懂！没有人能够老是那样积极乐观，那样开心工作，你是怎么做到的？难道你从来没有遇到过心情不好的时候吗？”

艾伦回答说：“当然！我也总是会遇到烦心的事情。但是，每天早上我起来的时候，就会告诉自己，我今天有两种选择，可以选择好心情，或者是选择坏心情。即使有不好的事情发生，我还可以选择做个受害者，或者是选择从中学习，我总是选择从中学习，从学习中让自己变得开心一些。每当有人跑来跟我抱怨的时候，我可以选择接受抱怨或者指出生命的光明面，我总是选择生命的光明面，也依然让我心情愉悦。”

朋友抗议：“可是，并不是每件事都像你想得那些容易啊！”

“的确如此！”艾伦说：“生命就是一连串的选择，每一种状况都是一个选择。你可以选择如何响应，可以选择别人如何影响你的心情，可以选择自己用好心情或者坏心情去面对，当然了，你更可以选择如何过自己的生活。在这一连串的选择面前，你不存在任何顾虑，因为主动权掌握在你的手中。只要你肯让自己变得积极起来，学会去调整自己，那么一切都不会太难。”

朋友默然，但不得不承认，她说得确实很有道理。

3个月后的一天，艾伦在工作时出了点问题。晚上餐厅关门时，她忘记关上餐厅的后门，被歹徒钻了空子，摸进了餐厅。很巧，那一天，她正好代替了一个守店的员工值班，在餐厅里休息。那两个歹徒拿着枪，逼她打开餐厅的保险箱。因为过度紧张，在开保险箱的时候，她弄错了一个号码。歹徒也很紧张，看见她没有打开保险箱，在慌乱中朝她开了一枪。

幸运的是，邻居听到枪声赶了过来，她被送往医院进行紧急抢救。歹徒在慌乱中并没有来得急瞄准，她的命被救过来了。

出院后，那位朋友来看她，问道："你现在觉得怎么样？还要做哪种选择？"

她笑了，拉着朋友的手说："我现在很好啊！幸运极了！你要看看我的伤疤吗？我还是做了选择的，当歹徒的枪击中我的时候，我躺在地上告诉自己，现在仍然有两个选择，可以选择生或者是选择死。我选择了活下去！"

多精彩的一个故事！艾伦的两个选择道出了这样一个事实：在面对一些不好的事情的时候，我们完全有能力改变自己，让自己从消极走向积极，从坏心情走向好心情。为什么要和自己过不去呢？当我们完全被寒冬笼罩的时候，只有自己会觉得冰冷，纵然也带给了别人冰冷的感觉，受到最大伤害的最终还是我们自己。

学会调节自己，给自己一个快乐的心情，无论做什么，我们一定会收获一个好的效率。

有一个小女孩每天都会从家里走路去上学。一天下午放学的时候，天气不太好，厚厚的云层涌来，遮天蔽日。风越刮越大，不一会儿，天上就开始有闪电出现，然后一阵很响的雷声。最后，大雨像瓢泼一样落了下来。

小女孩的妈妈非常担心，她担心这么恶劣的天气，孩子会被雷声吓到，会被大雨淋到。于是，她急急忙忙地拿着伞，沿着孩子上学的路线去接孩子。终于，她看到自己的女儿了，她正一个人走在街上。她发现，每次闪电的时候，女儿都会停住脚步，然后抬头看向天上，并露出微笑。这和她想象中接到女儿时，女儿会吓得躲到自己怀里的情形大不一样。

她很好奇，迎上女儿，然后问道："宝贝，你在做什么啊？"女孩说："上帝刚才在帮我照相，所以我要笑啊！"她紧紧地把孩子搂在了怀里。

一个很聪明、很勇敢的小女孩。别的小女孩会害怕、会痛恨的雷雨天气，却被她以一种最美丽的方式，转化为快乐的来源。上帝在照相，多美的概念！其实很多时候，在我们被坏心情折磨的时候，在我们有着负面情绪的时候，完全可以向这位可爱的小女孩学习。拥有快乐的心情，将不会再惧怕风雨交加的人生之路。

这其实就是一种改变。我们可以有这些负面情绪，可以有不好的心情，甚至可以烦躁，可以生气，可以发脾气。但是，当那些让我们烦恼的事情结束之后，我们一定要想办法去转换，想办法把那些东西消化掉，不让它们残存在我们的生活中。

当然，也不能让它们残存在我们的工作中。当工作无法改时，我们要学会改变自己。那就调整一下自己的情绪吧！以好的心情投入到工作中去，我们的工作将会完成得更加漂亮。

第六章

坚持学习,以能力驾驭工作

学知不足,业精于勤。从古至今,关于学习,一直是一个永恒的话题。数学家华罗庚曾说过:“聪明在于学习,天才在于积累。”诗人歌德也曾说过:“人不光是靠他生来就拥有一切,而是靠他从学习中所得到的一切来造就自己。”一个简单的事实被这些伟人们举了起来:无论任何人,要想成就一番事业,必须经过学习。请注意,我们说的是“必须”两个字。在人生的道路上,我们必须通过学习,才能不断前进,再天才的人也不能例外。职场是人生中最五光十色的一段人生路,在这段人生路上,我们还是要通过不断学习,才能提升自己的能力,才能在激烈的竞争中脱颖而出。古人还说了:活到老,学到老。我们现在努力学习,正是时候!

1.

你一切都会了吗？

学海无涯，永无止境。古往今来，再伟大的人也不敢说出这样的话：我的知识已经满了，我什么都知道，我一切都会了！没有人可以这样说，因为知识本身就是一个永远的概念，永远没有穷尽的时候。或许有人会感觉自己已经非常了不起，会说自己什么都会了。这样的人，我们只能说他们是盲目自满的一类人，因为他们不知道天地之大，知识无限。

古语说：活到老，学到老，还有三分没学到。无论在任何领域，我们只能永不满足地、永无穷尽地去追求知识，去获得新知，才能不断进步，不断创造成就。这是一种正确的学习的态度。关于学习的态度，毛泽东同志有句名言是这样说的："学习的敌人是自己的满足，要认真学习一点东西，必须从不自满开始。"好了，现在我们知道了，认为自己什么都会了的人，是一类非常自满的人。

这类容易自满的人所表现的其实是一种盲目骄傲、不求进取的不良心态。这类人，他们的心态只停留在自己的世界里，认为自己在这个世界里一者独大，满满地把所有的知识和技能都揽在了怀里，再也不需要去学习，因为已经"满"了。所以，自满会带给这类人这样一种精神面貌，他们不再有学习的热情，失去了学习的动力，就像一艘船，慢慢悠悠停在了水中。但是，这艘船真能停在水中吗？

不能！学习如逆水行舟，不进则退。这是古训！

我们不能认为自己什么都会了，正如我们无法一口气喝干整条小河中的水。就算我们有神话传说中夸父的海量，一口气喝干了整条小河中的水，那么河的上游，是不是还有新的水源在注入？这是这肯定的！所以无论如何，我们不能以为自己什么都会了。在工作中，就算我们某一项技能练得非常娴熟，掌握了很多知识，也不能说自己什么都会。要知道，任何事物都在向前飞速发展，每一天，都会有新的知识出现在我们面前，所以我们总学不完。要保持一颗谦虚的心，不断地补充自己的知识，才能不断进步。

我们一切都会了吗？没有！在工作中，工作技能是我们必须要学习和掌握的东西，因为这是我们工作的根本。不要自满，不要觉得自己一切都会了，都做得很好。事实上，我们还有很多东西不会。假如一个木匠，他要做的工作，就是把一颗颗钉子敲进木头里面，这很简单！可是这么简单的工作，他能说自己一切都会了吗？当然不能！他要不断地掌握运用锤子的力度和手法，不断捉摸怎样敲钉子才会更快、更省劲。只有通过不断学习，他才能把钉子敲得又快又好。

不要以为我们一切都会了！或许我们会了很多，但请记住：那不是一切！

一个学徒很认真地跟着师傅学习了三年的技术，他认为自己经什么都学会了，就去请求师傅，想早些出师。他对师傅说："师傅，跟您学了这么久，我已经一切都学会了，可以出师了吧？"

师傅笑了笑，问他说："什么是一切都会了呢？"

徒弟想了想，就对师傅说："一切都会了，就是满了，装不下去了。"

"那好吧，你先帮我做完一件事，然后再决定要不要出师。你拿一只碗，到后院里去装一大碗石子。记住，要装满！"

徒弟领命而去。一会儿工夫，他就拿着一只装满大石子的碗走了进来。

师傅指着徒弟手中的大碗问："这碗装满了吗？"

"满了！"徒弟回答说。

师傅从徒弟手中接过那只大碗，对徒弟说："跟我来吧！我让你看看这只碗到底装满了没有！"

走到了院子里，师傅顺手从地上抓起一把沙子，掺进了碗里，那一把沙子，都慢慢地渗进石子的缝隙里，没有溢出来。

"这次满了吗?"师傅又问。

"这次是满了!"徒弟对师傅说。

师傅没有说话,看了看徒弟,又从地上抓起了一把石灰,掺进了碗里。他轻轻地擀着石灰粉,那把石灰粉慢慢渗进了沙子中,也没有溢出。

师傅看着徒弟,问道:"这次满了没有?"

徒弟不敢回答。师傅叹了口气,顺手拿起院里桌子上的一个水杯,将里面的水倒进了碗里。水渗了进去,还是没有溢出。

……

现在,你还认为你满了吗?一切都装不下了吗?

徒弟低头不语。

师傅语重心长地说:"你在我身边是学了不少东西,也可以出师了,但是你一定要明白一个道理,永远没有绝对的满,你必须不停地学习,才能不断地进步。"

徒弟记住了师傅的话,不断学习,成就甚至超越了师傅,成为了一个非常了不起的人。

这位师傅显然是一位智慧深沉的老师,他教育徒弟的方法可谓别具一格,但却恰到好处。我们从中可以读懂这样一个浅显而又深刻的道理:没有绝对的满,更没有绝对的一切都会。有时候我们会有自己一切都会了的感觉,但请记住,那种感觉只是一种相对的错觉。我们或许不自主地和身边的人做了比较,觉得自己比他们做得要好一些;我们或许不自主地跟工作算了笔账,认为自己所掌握的技能,足以满足一切工作上的需要。于是,我们就大放豪言:我一切都会了!

我们不可能一切都会!这是一个简单而又明了的道理。我们不可能掌握了工作中所有的技能,我们说过,纵然能力不错,那也只可能会掌握一大部分技能,而不是全部。或许现在这大部分的技能足以使我们工作做得很好,可是即便是这样,我们还需要学习,因为我们不知道工作在下一秒将会发生什么样的变化,如果可以多掌握一些技能的话,我们工作起来时就会多一分把握。

千万不要把那些通过比较得来的自满当成自己不再学习的理由,如果真的感到自满了，我们不妨向那些比自己水平高的人多看看，看看我们是否还有自满的理由。我们不需要自满，只要肯学，我们永远都有学不完的知识，学不完的技能。这就像武侠小说中的武功，再高明的绝技也不可能说是最厉害的，因为总有人会练成更厉害的绝技。我们要想立于不败之地，只能是学习，再学习！

当我们沉浸在自满的世界中时，不妨多多问问自己：我们一切都会了吗？可以自满了吗？我们知道应该怎样回答，也知道应该怎样去做！

2. 眼高手低是一场笑话

在百度百科释义里，眼高手低的意思有二：一是最初的解释，指的是做人要眼界开阔，目标要远大，做事情则要低下手来，踏踏实实地做工作；二是现在的解释，意思是要求的目标很高，但实际上自己也做不到。当然了，在这里，我们说的是第二种解释。在职场中，这种要求的目标很高，但实际上自己却做不到的情况很多，可以说是职场中的一种通病。

职场中多出现的这类情况是，眼界很高，但是办事能力却很低。如果还不能自知的话，是会闹出笑话的。这很容易理解，比如说一项工作，我们本来没有能力完成，但在心里却不愿意承认自己不能胜任，于是勉勉强强接手了。可是，无论怎样去做，我们却总是无法将这项工作完成得很好，于是耽误了整个工作的进度。这样，岂不是笑话吗？

主任在办公室里遇到了新来的职员小张，于是问道：“小张，下午开会我要用的资料你复印好了吗？”

小张回答：“这个啊，我请小王帮忙复印了。她应该一会儿就能弄好！”

主任说了一句："好的，我一会儿让秘书拿去。"然后，就匆匆进了办公室。小张在后面轻声嘀咕：复印这种小事还来找我？我可是来做行政管理的！

极不满意地，她慢慢走到了自己的办公桌前。这个时候，电话铃响了，她拿起了电话："您好，这里是行政管理部门，我是小张。请问您……"

对方不等她说完，就接过了话茬："小张啊！我是财务部的老周。有件事要告诉你一声，今天上午你那里送来的年会预算，比往年超了不少。所以，这张预算表不能通过审批。"

小张脸拉了下来，但在电话里，还是客客气气地说："原来是这样啊！没关系，我让人把预算表拿回来，重做一份。真不好意思，给财务部添麻烦了。"

一番客气之后，对方挂了电话。小张很不开心，正起身要去财务部，电话铃又响了。小张拿起电话，才知道是公关部小孙打来的。小孙是来催年会宾客名单的，原来早两天小张就应该给公关部送过去，可是忙来忙去，倒给忙忘记了。

这接二连三的问题，让小张心情烦躁。

她正要赶紧把这几件事给办了，却又接到了主任的电话，让她到办公室里去一趟。

主任问："年会的活动经费拨下来了吗？"

小张："没有。刚才财务部把年会预算表退回来了，说是超支。"

主任停下了手中的工作："怎么会超支？我不是让秘书介绍前几次负责年会布置的员工给你认识了吗？你们没有好好聊过吗？做年会预算的时候，有没有让他们多帮帮你？"

小张："聊过了，不过，听他们的，还不如我自己做呢！他们的品位太低了，一点都上不了台面，尽用些低档货。"

主任说："怎么会这样呢？前几次年会，他们都做得非常好。小张，你要知道，他们有过这方面的经验，做出这样的决定自然有他们自己的考虑。你应该多向他们学习，多问问他们原因。有时候，追求完美没有错，但却不能忽略现实因素，这一点是你欠缺的。多和其他人交流交流，你才能进步。重新做报表，要快些。”

小张：“是的，我知道了。”

主任：“我听秘书说，宾客名单也是你在做？”

小张：“是的，我已经做好了，正准备送过去。”

主任：“我记得这事当时我是交给小齐负责的，怎么会又转到你手里了呢？”

小张：“小齐这个人呀！粗枝大叶的，我怕她遗漏了客人，不放心。所以，就把这项工作要了过来。”

主任：“你啊，才过来几天，就这么看同事？你应该学着去相信自己的同事，他们的能力，未必如你想象得那么差，而且，他们比你经验丰富。这样吧！把名单的事还交给小齐来负责，你的重心要放在报表上。”

小张点头答应。从主任的办公室里出来，她的火又上来了：什么破公司呀！年会是多有意义的事呀，还斤斤计较这点小钱。一个月就这么一点工资，我还懒得做呢！

我们来看，小张就是一个典型的眼高手低的人。她总以为同事们无法把事情做好，只有自己才能把事情完成得漂亮，于是，就把活揽到了自己身上。当然，这种对待工作的精神我们无可否认，她确实在很积极地做着工作。可是她做事的方法却让人不敢苟同。没有经验，她任凭自己去凭空想象一些东西，按着自己想象中的标准来做事，也不愿意去和同事沟通。其实在工作的经验上，不能向同事学习，就等于断了自己成长的道路，又怎么能把工作做好呢？

所以笑话来了，她不仅无法将工作完成到最好，而且还弄了个手忙脚乱。这是眼高手低带来的恶果。她完全可以变换一种方式，就算不放心自己的同事，也应该多向同事们学习，因为很多工作，那些老同事们毕竟做过，有着丰富的经验。在很多时候，经验就是一种宝贵的财富，不懂得学习和吸收这些财富，是可悲的。

不要以为自己什么都懂了，也不要以为自己什么都会了，在深如瀚海的职场中，我们所懂的，充其量只是那大海中的一滴水。所以，我们要不断地学习。当然了，我们可以去做一个“眼高”的人，这是好事，可以让我们看得更远。但是，既然选择了“眼高”，就一定也要想方设法让自己的“手”也高起来。对了，我们就是要做一个“眼高手也高的人”。这样，我们在竞争激烈的职场中才能走得更为出色。我们要记住：之所以会“手低”，是因为我们能力不足，所以我们不能只让自己停留在“手低”的阶段。而通过学习，改变自己，提高自己的能力，则是我们解决“手低”的唯一途径。

不要做一个眼高手低的人，也不要让自己闹出眼高手低的笑话。如果我们想站得很高，也可以！但千万要记住，只有通过学习，提升了自己的能力，我们才能轻松完成那些高处的“危险动作”。通过学习，改变自己，会使我们看得更远，也走得更远。

3. 虚怀若谷方能提升技能

黎巴嫩“艺术天才”纪伯伦在其《贪心的紫罗兰》一文中讲了这样一个故事：花园中有一株紫罗兰，看见身边有一株玫瑰花，躯干苗条，翘首天空，便心生感慨，叹息地说自己在群芳中最不走运，地位最低，又低矮又渺小，只配伏在地上生存，不能像玫瑰花一样枝插蓝天，面朝太阳。

玫瑰花听了叹了口气对它说：“百花群里，你最糊涂。你真是身在福中不知福啊！大自然赋予你芳香、文雅和美貌，这都是别的花草所没有的。你还是赶快打消你那些奇异的念头和有害的想法吧！满足于老天赐予你的福气吧！你要知道：虚怀若谷者，地位无比高尚；贪得无厌者，永远贫困饥荒。”

其实在生活中、工作中，我们就应该像玫瑰花说得那样，做一个虚怀若谷的人。

什么叫作虚怀若谷？顾名思义，虚怀若谷的意思是说胸襟宽大得要像山谷一样。形容人要谦虚，要学会接纳很多意见。2000 多年前，老子的徒弟在《老子》15 章中曾言："敦兮其若朴，旷兮其若谷。"这是虚怀若谷最早的出处，意思我们已经说过，也是说胸怀要像山谷一样宽广，能够谦虚认真地容纳别人的不同意见。老子把虚怀若谷者形容为：敦敦厚厚、朴朴素素、旷旷达达、空阔一片、自自然然、大智若愚。这一点，在 2000 多年后的今天，依然适用。

我们不是圣人，不可能上知天文，下晓地理。我们也不可能所做的每一个决定都是正确的，所下的每一步棋都是完美的。我们总会有不知道的地方，总会有不明了的地方，总会有走错的地方。当局者迷，旁观者清，我们不知道，总会有人看见。于是，他们好心地给我们提出了建议，告诉了我们正确的方法，给我们指明了正确的道路。我们，自然要学会虚怀若谷地去接受，去学习，去改正。可以说，懂得虚怀若谷之道的人，是真真正正的聪明人。就算他们现在并不出色，可是，他们懂得怎样去接受别人的意见，怎样去学习别人的长处。所以总有一天，他们会将自己的路走得很顺畅。

古人还喜欢用"满招损，谦受益"来形容虚怀若谷者的好处。只要能够做到虚怀若谷，能够谦虚地学习，就能得到好处。反之，则会带来很大的害处。《易经》六十卦中，没有一卦是全好，也没有一卦是全坏的，只有一卦算是六爻皆吉，那就是谦卦。可见无论在什么地方，都没有绝对的完全。我们无法满满地掌握一切，所以总是需要虚怀若谷地去学习，去接受，才能将事情完成得最为出色。

在历史上，秦王政一直扮演了暴君的角色，但在很多时候，他也能做到虚怀若谷，接受别人的建议。要不然，秦朝何以能统一六国呢？历史上有一个"咸阳逐客令的故事"，说得正是秦王政在早期的虚怀若谷。

在秦国的大臣中，有一些人原本并不是秦国人，但是他们的职位也很高，名声也很大，在当时这些人叫作客卿。有一段时期，在秦国的很多客卿都出现了问题，国相卫国人吕不韦因罪被免职，韩国人水利专家郑国也出了一些问题。这让秦王起了疑心，他想了很多，想到了樊於期，还想到了嫪毐等人。于是他坐不住了，总认为这些异国人，骨子里都充满了对秦国的仇恨，是不可能一心为秦国卖力的。

他下了一道非常严厉的《逐客令》，大致意思是说，凡是地方说客，异国客卿，都一律不准在秦国逗留，马上离开。即便是在秦国当了官的异国客卿，也要马上削职为民。所有人不许收留这些人，如果有犯，全家治罪。

这毫无疑问是一道非常糊涂的旨意，人有好坏，异国人也有好坏，而秦王政却将其一棒子全部打死。以我们今天的观点来看，他有些以点概面了。这道糊涂的命令当然也触到了李斯，于是他便给秦王写了一封信。这封信，就是有名的《谏逐客书》。

李斯在《谏逐客书》中说："泰山不嫌土石，才能那么高峻；河海不择细流，方能那么深广；君王广开才路，方显堂堂气度。"

他的话并不啰唆，但道理却是显而易见，剖析得非常透彻，而且语言中肯，发人深省。不仅如此，他还罗列了秦国早期的君主秦穆公、秦惠王、秦昭王等任用别国宾客的故事。他们虽然也任用了别国的宾客，但正是在那些别国宾客的辅助下，才使得秦国的国力一天天强盛起来。

他还郑重告诫秦王政，说他如果轰走别国的人，那么就会给敌人增强了力量，而减少了自己的力量。这样一来，秦国将来就会有很大的祸患。

他的《谏逐客书》深深打动了秦王政，他一边看，一边自言自语说："这真是一篇好奏章啊！如果不是它的提醒，我会因为一时的意气用事而铸成大错。这真是太危险了啊！"他赶紧召集大臣，下令立即撤销《逐客令》。而且同时还下令，将那些已经被驱逐的宾客，以最友善的态度迎回，那些被罢官的异国宾客也马上官复原职。

李斯原本是楚国人，是经过吕不韦的推荐，才被秦王政拜为客卿。这道《谏逐客书》一上，他自知要得罪秦王，于是辞去了官职，远远地避走他乡。没想到的是，秦王在撤销《逐客令》的同时，也令人快马加鞭，在骊山脚下追上了李斯，不仅没有问罪，反而加升其官职。

事实证明，后来正是在李斯的劝导下，秦王政以宽广的胸怀容纳各国人才，最终才得以一统天下。

可以说，秦王政在后来可以一统天下，成为历史上赫赫有名的秦始皇，李斯居功至伟。但是在这里，我们不提他别的功劳，只说一点，那就是他对秦王政的劝诫。是他的劝诫，使秦王政明白了一个道理：虚怀若谷，方能海纳百川。正是明白了这个道理，秦国的国力才能一强再强，成为七国之首，并一举灭了其他六国，统一了中国。

这其实是很简单的一个道理，只有虚怀若谷，总是不满，我们才能不断地吸收新的知识，学到新的东西。想想看，以秦王政之聪明，尚且需要别人指点和提醒，尚且知道自己会因为意气用事而做错一些事情。那么我们呢？可能是"百晓生""万事通"吗？当然不可能。我们看不到的，总会有人看到；我们没有学会的，总会有人学会。纵然有些东西没有人知道，我们还可以虚心地向自然学，向书本学。只要我们够虚心，就永远有学不完的知识和技能。

当然了，只要我们肯学，这些知识和技能，总会有用到的一天。

可以这样来说，虚怀若谷是一种态度，只有拥有这种态度，我们才能永不"知足"，永远以虚心的劲头去学习新的知识和技能。只有这样，我们才能不断扩展自己的能力，不断提升自己的技能。只有这样，我们才能不断进步，才能从容应对变化莫测的职场工作。

4. 三人行，必有我师

连孔子这样有大学问的人都曾说过："三人行，必有我师焉。择其善者而从之，其不善者而改之。"这说明了一个什么道理？很简单，这说明了即便我们的学问再大，在三个人之中，也有人可以成为我们的老师。当然了，“三”自然是虚数，这句话引申下去的意思就是，在生活中，无论我们怎么样厉害，身边总有人可以做我们的老师，教给我们知识和技能。

因为每个人所掌握的知识和技能各不相同，所以就算我们真的是才高八斗，学富五车，但身边一个大字不识的种田农民也可以成为我们的老师。他虽然不会之乎者也，但对庄稼的生长却了然于胸。他知道玉米什么时候开花，什么时候结实，生虫子了，虫子总会藏在什么地方。我们知道吗？能有他知道得多吗？答案显而易见。所以他做我们的老师，自然是绰绰有余。

也许有人会说：“这根本就是两个领域的事，在我工作的领域内，我的技术是最好的，已经没有什么可学的了。”真的是这样吗？就算我们在公司里，学问一流，技术上乘，让所有的同行都要甘拜下风，但是请记住，这并不代表，我们没有什么可学的了，也不代表，没有人可以做我们的老师了。随便拉过来三个人，或许他们的技术要稍逊于我们，但是他们身上总会有值得我们学习的地方。仔细找找看，我们不难发现，在某一个角落，他们绝对有超过我们的地方。一定会有！所以，他们完全有资格做我们的老师！

其实说到底，我们需要明白的只有一件事，那就是学无止境。无论是学识也好，技能也好，永远没有最好，只有更好。只要我们肯努力，就会有学不完的东西。俄国哲学家、诗人罗蒙诺索夫曾经说过：“现在，我怕的并不是那艰苦严峻的生活，而是不能再学习和认识我迫切想了解的世界。对于我来说，不学习，毋宁死。”说得多好！如果停止了学习，就等于切断了我们与世界的联系，那么何谈进步？

面对工作，我们要以谦虚的态度，永远学习着前进，才能一步一个脚印、踏踏实实地前行在这段人生路上。永远不要自满，要记得，我们永远有学不完的知识，掌握不完的技能。我们更不能茫然无措地说：我不知道怎样学习，不知道要向谁学习，因为看起来，我的技术已经是周围最好的了。多留意一下周围的人，我们就会发现，其实很多人都有值得我们学习的地方。我们可以请教他们，用他们的长处，来弥补我们的短处。当短处越来越少的时候，我们就会发现，自己面对工作的时候，更加得心应手了。

三人行，必有我师。我们要改变自己那不可一世的自满态度，永远以谦卑的心，去向身边的人学习。学习知识、学习技能、学习为人处世的智慧，这些都是带动我们前进的灵丹妙药。多向别人请教和学习，永远没有坏处。

李时珍撰写《本草纲目》花了几十年的时间，读过800多种典籍，咨询过无数的医生和药工。在研读古书时，他发现很多书中记载的说法并不一致，而且有的甚至还有相互矛盾的地方。为了验证那些记载的真伪，他便多方深入实际，亲自采药加以验证。他一面向大自然学习，探索那些未知的领域，一面向采药途中遇到的樵夫、渔夫、农民请教和学习，终于鉴别考证了历代记载的1000多种药物，为它们重新做出了科学的结论。

我国古代学者刘开说过："君子之学必好问，问与学，相辅而行者也。非学，无以致疑；非问，无以广识。"学与问相辅相成。就像李时珍，他的医术总可以睥睨当时的医药界，但他还要学，要问，要向同行请教，要向山野村夫请教。只要能帮助自己解决难题的人，都是自己的老师。想想看，如果没有向那些人请教，他还能写出《本草纲目》吗？或许也能，但最起码，还得再晚上个几十年。

一个人的智慧有限，而学识却无涯，所以在人生路上遇到许多疑难问题也就成了在所难免。遇到问题，只要肯虚心求教、不耻下问，不要不懂装懂，更不要眼高手低，那么取得进步就不是什么难事。

一位刚拿到博士学位的年轻人被分到了植物研究所去上班，成为这个所里的学历最高学者。他非常得意，心里常常会有一种居高临下的感觉：所长有什么了不起！在这个所里，我的学问最深。这种心理导致他平常不怎么和所里的其他人沟通，总是闷头做自己的事。

有一个周日，闲来无事，年轻人便拿着渔竿去单位的池塘里钓鱼。当他赶到池塘边的时候，发现所里的正副所长也都在池塘边钓鱼。出于礼貌，他向他们点了点头，表示打了招呼，然后一言不发地找好了位置。他心想：两个本科生，我和他们有什么共同语言呢？

时间一分一秒地过去，鱼儿很多，三个人钓得不亦乐乎。但是钓得再开心，有些事情还是需要去做。不一会儿，正所长极不情愿地放下钓竿，伸了伸懒腰，站了起来。他要去厕所，厕所在池塘的对面，绕过去需要不短的时间。然而，让年轻人吃惊的事情发生了：正所长并没有绕过池塘，而是噌噌噌地从水面上如飞地走到对面上厕所。年轻人看得眼睛都直了，心想，这是怎么一回事？难道是水上漂的功夫？不像啊！

正在惊疑不定的时候，正所长去完厕所回来了，又是噌噌噌地从水面上飘了回来。

虽然吃惊，但是年轻人去不愿意去问。他心想，我这么高的学历，有什么不知道的？去问他，多丢份啊！

过了一会儿，副所长也站起来，和正所长一样，也是如飞般几下就从水面飘到了对面去上厕所。这下年轻人蒙了：不会吧！这是什么地方啊？自己怎么来到了一个江湖高手集中的地方？这太让人吃惊了！

又过了一会儿，年轻人忽然内急起来，也需要上厕所。可是，池塘两面有墙，从这里绕到对面需要十多分钟的路程呢。怎么办？年轻人迟疑起来，想起问两位所长，但又拉不下脸来。更何况，他一直觉得自己比两位所长强得太多了，怎么能去问本科学历的人呢？自己可是博士啊！

心里一阵天人交战，但最后，他还是决定不去问那两位所长。他不服气：我就不信，本科生能过的水面，博士生过不去！想到这里，他一咬牙，向水面跨去。

自然，人是无法抗拒地球引力的。他这一跨，实实在在地落到了水中。听到他落水的声音，两位所长大吃一惊，飞快地跑过来，将他从池塘中拉了出来。

正所长很好奇，就问他：“好好的，你跳河做什么？难道钓到大鱼了？”

年轻人不好意思地挠了挠头，问道：“我想要到河的对面，看见你们从水面上过去了，就也想试一试。”

两位所长大笑起来，正所长笑着说：“我们可没有水上漂的功夫。这池塘里有两排木桩子,本来正好和水面持平的,这两天下雨涨了水,刚好把木桩淹了起来。我们经常来这里,所以知道木桩的位置,可以踩着木桩从水面上走过去。你想过去,怎么不问我们一声呢?"

年轻人大窘,讷讷地说不出话来。

这个笑话很有意思,学历能代表一切吗?当然不能!其实不仅仅是学历,即便是我们现在身上的知识和技能,也不能代表一切。无论我们强到什么程度,请记住,那最多可以称之为"相对强一些"。在相对之处,我们仍然还有很多薄弱的地方。善待那些可以做我们老师的人吧!不要看他们以前,只看他们现在身上的闪光点。就算他们身上的闪光点没有我们的多,没有我们的亮,那也没有关系。因为,他们身上总会有一盏灯,是我们还不曾点亮的。虚心些,向他们学习,我们就能点着自己身上这些没亮的灯。

当然了,在工作中,善于向身边的人学习知识、学习技能是好事。但是,我们还要注意,一定要有所取舍,也就是说,我们还要学习去辨别哪些知识和技能对我们是有用的和有益的。学习也需要明辨好坏,取其精华,弃其糟粕,不要盲目地学习,才是最聪明的学习方法。

不管怎么样,我们都需要去向身边的人多多学习。这是改变自己、提升自己的最佳方式。适应不了自己的工作了吗?那么不妨问问:我们做到不耻下问了吗?三人行,必有我师焉!

5. 亡羊补牢,为时不晚

亡羊补牢的说法,对于我们每个人来讲都不陌生,其表示的意思就是，出了问题以后想办法补救可以防止继续受损失。道理虽然简单明了，但是对于很多人来讲，想要做到亡羊补牢却有些困难。因为“羊”丢了，他们并不认为，补好了羊圈就可以防止羊的再次丢失。

工作中这样的例子很多。有项工作没有做好，有人告诉我们：只要在那个地方多努些力，改正一下方法就不会再次出现问题了。我们不听，总觉得事实并不像他们说得那样，总是认为是自己的努力还不够，于是我们按照自己的方法，并没有刻意去补好“羊圈”。结果呢？问题还是再次出现。我们遇到过这样的事吗？肯定会有！很多时候，我们之所以会继续丢“羊”，最主要的原因就是，自己不知道补好“羊圈”的重要性，却又不肯听从别人的意见，也不愿意去学学别人管理“羊群”的方法。这种情形只能导致一个结果，那就是“羊”的再次丢失。

亡羊补牢，为时不晚，我们一定要明白这个道理。当“羊”丢失的时候，我们的第一要务就是想方设法弄清楚丢“羊”的根源。我们可以用的方法很多，可以向有经验的“牧羊人”请教，可以查阅资料，找出以前“丢羊”的案例，从中寻找根源，还可以自己实地勘察多动动脑筋。总而言之，这个时候，我们不能吝惜自己的精力，必须认认真真地找到事情的根源，然后才能开始着手修补“羊圈”。我们要明白的是，只要通过向各方的学习，寻找到正确的解决问题之道，就可以做到不再犯同样的错误。

战国时期，楚襄王即位以后，楚国的国力一天天衰亡下去。这和楚襄王的管理方式有很大关系，即位以后，他重用奸臣，听信谗言，不肯听取忠言良策，导致政治腐败，君臣离心。看到这种情形，大臣庄辛非常着急。他知道，如果这样下去，那么楚国离亡国也就不远了。

于是，他对楚襄王进言，大致意思是说：作为一国之君，不能整天沉迷于吃喝玩乐，更不能亲奸佞，远忠臣，把管理国家的大事交到一帮奸臣手中。如果你还是这样不听劝告，执迷不悟的话，那么楚国很快就要亡国了。

对于一个国君来说，或许可以容忍臣子们的批评，但却会非常忌讳臣子说国家将亡。楚襄王看到庄辛的这道进言，大发雷霆，怒骂道：“他老糊涂了吧！竟敢这样诅咒楚国！大臣诅咒自己的国家，这叫忠臣吗?”于是下令捉拿庄辛。

庄辛心里早有准备，他知道楚襄王不会接纳自己的忠言，在其派人到来之前，就已经躲到了赵国。

果然不出庄辛所料，在5个月后，国力强盛的秦国举兵攻打楚国。由于国家腐败，兵力薄弱，秦军很轻松地就攻下了楚国的都城郢城。这下楚襄王开始着急起来，他惶惶如丧家之犬，逃到了阳城。痛失了都城，他在省悟自己以前错得有多么厉害。他想到了庄辛，想到了庄辛那道进言，这个时候他才知道庄辛说得是多么正确。他很后悔，于是便派人去赵国把庄辛接了回来。

他对庄辛说:“过去，是我糊涂，没有听你的话，才会到了今天这种地步。现在说什么都晚了，你看我现在应该怎么做?”看到楚襄王是真心悔悟，庄辛大感欣慰，他对楚襄王说:“大王既然知道错了，那么现在就还不晚，还有补救的机会。”他甚至给楚襄王讲起了故事，讲起了亡羊补牢的故事。

听完庄辛的话，楚襄王又恢复了斗志，虚心地向庄辛请教救国之道。庄辛给楚襄王分析了当时的形势，认为楚国都城虽然被攻陷，但大部分国土并没有失去。所以，只要举国上下振作起来，改正过去的错误，就一定能改变局势，秦国是无法灭掉楚国的。

楚襄王听完后，精神大振，他听从了庄辛的话，改正了自己以往的错误，积极地动员全国军民一起抗秦。果真，他带领军队渡过了危机，振兴了楚国。

这是一个典型的亡羊补牢的故事。人非圣贤，孰能无过，犯错误肯定会在所难免。我们每个人都犯过错误，弱小如我们，强大如楚襄王，都曾犯过错误。所以说，犯错并不可怕，可怕的是不肯从错误中吸取教训，走上正确的道路。楚襄王知道自己错了，他明白了亡羊补牢，为时不晚的道理，他改正了自己的错误，奋发图强，终于扳回了局面，重新赢得了胜利。想想看，倘若他不肯做一个迷途知返的人，在都城失了之后，继续在阳城过自己以前的日子，会出现什么样的结局？历史并没有给我们这个答案，但我们却可以想得到。

亡羊补牢，为时不晚，其实只是想告诉我们这样一个道理：当错误无可避免到来的时候，我们可以去犯错，但却一定要在错误中成长起来，走上正确的道路。其实这个错误，正是在教我们如何走上正确的道路。

毫无疑问，到工作无法改变的时候，我们要学会改变自己。改变自己不是说说而已，当我们在工作中犯了错误，肯改变自己以前骄傲的心态，去向别人请教，找到正确的方法吗？其实这一点也不难，亡羊补牢并不是什么丢份的事，向别人请教，向历史学习，正是我们成长的最好的机会。请记住，我们是在学习一种使自己从“错误”走向“正确”的方法，我们已经吃过缺少这种方法的亏，所以一旦现在掌握了，我们就可以改变“丢羊”的现状，使自己变得强大起来。

亡羊补牢，为时不晚。接受教训，改变自己，从此我们才能不再“丢羊”。

6. 能力愈强，做事愈顺

“发明千千万万，起点是一问。禽兽不如人，过在不会问。智者问得巧，愚者问得笨。人力胜天工，只有每事问。”这是我国著名教育家陶行知先生在《创造的儿童教育》中的几句话。这几句话的意思浅显易懂，阐述了一个道理，那就是人类只因为懂得发问，才能发展。在这里我们做一个引申，陶先生的“问”其实是代表了人类的一种求知欲望。问的是什么？自然是我们不懂、不会、不明白的东西。那些我们没有掌握的知识、经验、技巧、技能，都是需要“问”的东西。

可以说，“问”会使我们学到越来越多的东西，这就好比是一棵树，当吸收到越来越多的养分之后，会出现什么情况？自然是越长越高，越来越壮。“问”给了我们知识，教给了我们技能，使我们的“身体”越来越强壮。

一个武功高强的侠者行走江湖，往往能够勇闯难关，履险如夷。同样的道理，当我们学会和掌握了更多的知识和技能，使自身的能力越来越强之后，我们的人生之路将会平坦起来。

倘若我们可以在工作中总是以谦虚的心态去学习新的知识，掌握新的技能，那么只会出现一种结果，就是我们的能力会越来越强。我们的知识面宽了，解决问题的方法多了，相应的，工作中那些难题将会越来越少。因为在我们越来越强的能力面前，那些所谓的难题将不再是难题，而是一种容易解决的小问题。举个例子：如果在工作中需要用到电脑，而我们不会，那么这对于我们来说是不是难题呢？当然是！可以通过"问"，通过学习，我们对电脑的认知越来越多，运用也越来越娴熟，那么运用电脑对于我们来说，还能成为难题吗？当然不会！我们会想当然地认为：这算什么难题啊！原来如此简单！

其实道理正是这么简单！当我们通过坚持学习，不断使自身的能力得到提高之后，工作中所遇到的难题将不会再是难题。我们在完成工作的时候，将会越来越顺利。

小赵在深圳一家电子公司工作，虽然是个新人，但她活泼开朗的性格和勤勤恳恳的工作态度却给所有的同事留下了好的印象。在这个办公室里，她的人缘非常不错。

可是这两天，她却遇到难题了。原来，主管交给她一个新的任务，这个任务很紧，要求在一周内完成。由于以前从来没有接触过这类任务，所以她感到有些头疼。可是麻烦不仅于此，以前遇到问题时，她所在的项目组组长总会帮她解决，可是这次，偏偏这位"救苦救难"的组长临时休假了。这可怎么办？她急得团团转。

心情烦躁，她便打电话向好朋友诉苦："我太倒霉了，分给我这么难做的工作，偏偏组长又休假了，项目组里只剩下我和另外一个新同事。她的水平比我只低不高，一点忙也帮不上。这可怎么办啊？到时候完不成任务，可怎么向主管交差啊？"

朋友在电话里给她出了一个主意："既然组长不在，你不妨去别的部门问问看，也许会有懂这些的呢！你向他们请教，自己多学习点，说不定可以解决问题呢！”

她一听，觉得很有道理，于是在第二天的时候带了很多好吃的零食去贿赂别部门的同事。没想到，真有懂这方面技术的人。她花了一天的时间向别人请教，狠狠恶补了一回，把自己不懂的东西补回来。

当她重新回到自己工作中去的时候，不禁哑然失笑：这么简单的问题，我开始居然会觉得很难！

这是一个非常简单的事，工作并没有变简单，还是和以前一样，变的只是我们自己。因为，我们又掌握了这方面的技能，能力变得更强了。所以，我们再看见这些问题的时候，会觉得很容易。工作没有变，问题也没有变，变的只是我们自己。我们站在山脚下，会觉得这座山很高很大，可是，当我们爬到山顶的时候，却发现这山原来也不过如此，因为它已经被自己踩在脚下。

善于学习的重要性就在于此。只有通过持续不断地学习，再学习，我们才能接触到一个个自己从未接触到过的领域。我们学习的这些东西，就是我们人生路上最有力的武器。有了它们，无论做什么，我们只会越做越顺。如果不断汇集雨水，池塘也能变成湖泊；如果不断接受土石，小丘亦可变成高山。不要觉得我们什么都会了，我们也许会了一些东西，掌握了一些技能，但是却远远不够。只要我们想继续前进，就要继续学习。学习得越多，我们自身的能力就会越强，而工作起来就会更加得心应手。

张曜是清朝咸丰年间的人，他自小就不喜欢读书，所以没上过几天学。和所有不爱读书的孩子一样，他也是喜欢打架。他身材高大，臂力过人，常常纠集一大群同龄的孩子，以头领自居，结阵杀敌，指挥若定。成年之后，他更是整天混迹于赌场之中，做些打打杀杀的事。虽然没有成就，但却练就了一身好武艺。

正好当时清朝政府允许各地组建地主武装，张曜便去了河南固始，投靠了一位时任县令的老乡，成为了一名士兵。

在军队里，张曜如鱼得水，其军事才华很快便凸显出来，后来更是深得钦差大臣僧格林沁的赏识，被升了官。他的官场之路可谓相当顺利，凭借军事才华，他屡建战功，被咸丰皇帝赐号为霍钦巴图鲁，意为勇士之意。他从固始知县开始做文职官员，一直做到了河南布政使。这个时候，他还是只字不识。

正当他在仕途上春风得意之时，一道弹劾的奏章打碎了他继续升官的美梦。原来有个叫作刘毓楠的御史上奏章弹劾了他一次，也没说什么坏话，但却说他目不识丁，没有文化，只能当武官，不能做文官管理政事。做一个地方的行政首脑，更是大大的不合适。

皇帝一听，觉得大有道理。于是，就下诏免去了他布政使的文职，改授武职总兵。

这本来也没有什么，当了总兵，于他的官阶和地位并没有什么影响。但是张曜却不这么看，在封建社会，盛行的是"重文轻武"，所以他认为这次被"驱逐"出文臣的行列，对自己是一种莫大的耻辱。这种耻辱的感觉让他寝食难安，更让他愤愤不平，他觉得自己并没有招惹谁，却受到了这种不公平的待遇，实在是太委屈了。但是冷静下来，他却又觉得别人的指责也许没有错，因为自己确实是什么都不会，目不识丁。闭上眼睛仔细回想一下以前，他想到了，自己缺少知识确实不行，甚至做出过许多糊涂事。做文职官员的时候，全凭一些幕僚在后面帮助自己。

想到这些，他冷静下来了。思前想后，他觉得自己必须开始读书，补上自己的这处缺陷，不能再让别人说闲话，更不要再让别人瞧不起。

教自己读书的老师，他早就有，只是从没有想到过认真学习。他的老师就是自己的夫人，一个熟读诗书的才女。当他把自己想要读书的想法告诉夫人时，夫人正色道："要我教你也可以，不过要有一个条件，那就是要行拜师之礼，要恭恭敬敬地学。"张曜马上答应了下来。他这个时候，想学习的渴望超过了任何人。因为他明白了一个道理，只有自己有了知识，增强了能力，才不会被人耻笑，才能继续前进。

在孔子的牌位前，他对夫人正式行了三拜九叩的拜师之礼，成为了夫人的入门弟子。从此以后，只要一有时间，他都会由夫人教习读书。每当他累了，或者是倦了，不想读的时候，夫人一摆老师的架子，他马上肃身听训，不敢有丝毫的不敬。在这种努力读书的情形下，他的学问一日千里，进步很快。

几年之后，就成了一个非常有学问的人。他不仅可以自己草拟奏章，而且文笔出众，笔致有力，非常的有才华。他的名气渐渐在朝堂上响了起来，被人们称之为“淹通图史，诗文皆有古法”。他的才能随着他的学习，也是越来越强，官职更是越做越大，很快，他就被升为山东巡抚。这个官职，还是文职。

以前的事还有人没有忘记，又有人上奏折参他“目不识丁”。他没有反驳，而是直接上书给皇帝，请求皇帝亲自面试。结果在朝堂之上，他的学问折服了所有人，就连皇上都暗暗称奇。通过读书学习，他的能力更是大大提升。无论是领兵追随左宗棠收复新疆，还是在山东巡抚任上治理黄河、兴办水利，他做得都是游刃有余，可圈可点。读书学习已经成为了他的习惯，他就像一个永远也不嫌满足的大湖，不断吸纳着新鲜的河水，吸引，然后归为己用。学习使他为政的能力越来越强，更使他的从政之路越来越顺。

他再也不是一个“目不识丁”的莽夫，而是一个才高八斗，学富五车的大儒。他在抗洪一线病发逝世，济南人民感其恩德，尊他为黄河的“大王”。他坚持学习的故事，更是感动了后世。

其实在很多时候，不用多说什么，只要肯坚持学习，就已经说明了一切。张曜的故事也许并不特殊，很多肯认真学习的人都有类似的经历。我们只是想从这个故事中证明一件事，那就是无论我们身处什么样的地位，只有通过持续不断的学习，才能使自己的能力越来越强，而只有越来越强的能力，才能铺平我们前进的道路。

当工作无法改变的时候，我们总会遇到一些难题，所以我们要改变自己，让自己强大起来，去解决那些难题。学习，就是我们永远不可或缺的那一环。只有通过学习，我们才能掌握新的技能和知识，以弥补自己的不足。当我们把自己所欠缺的不足补上之后，就会发现：原来，自己已经在学习中悄然变强，变得可以适应工作的任何需要了。

在工作中，我们需要这样。坚持学习，我们可以改变自己！

第七章

反省不足，扬己之长补己之短

曾子曰："吾日三省吾身：为人谋而不忠乎？与朋友交而不信乎？传不习乎？"其言下之意是，自己一天要多反省几次。反省什么呢？反省帮朋友办事是不是尽心尽力了？反省与朋友交往是不是诚实守信？还要反省老师传授的知识，自己有没有认真复习？没错，就我们来说，这些确实都需要认真反省。事实上，我们每天需要反省的不止于此，还有更多。为什么这么说？因为人无完人，金无足赤，我们身上必定存在着很多的不足，只有通过反省，我们才能认识到自己的不足。知道自己的不足就好办了，大儒家朱熹曾说："日醒其身，有则改之，无则加勉。"就这么做！

1. 你反省过自己的不足吗？

世界上没有十全十美的人，所以找不到毫无缺陷的人。如果硬要说有人毫无缺陷，那么这类人就只可能是神，而非人。当然了，这只是一句玩笑话，我们想要表达的意思是，在生活中，即使看起来再优秀的人，他们的身上也必定有不足和缺陷。金无足赤，人无完人，我们也是如此。或许在我们的身上，就有着很多不足之处，只是“不识庐山真面目，只缘身在此山中。”因为太近，我们并没有看到自己的缺陷。所以，我们要进行自我反省。

我们需要做的是，先问问自己：我有没有反省过自己的不足？

反省自己真的很重要。法国牧师纳德·兰塞姆去世后，安葬在圣保罗大教堂，墓碑上工工整整地刻着他的手迹：“假如时光可以倒流，世界上将有一半的人可以成为伟人。”有些人对此表示不解，一个智者于是解读纳德·兰塞姆的手迹，他说：很明显，如果每个人都能够把反省提前几十年，那么就会在几十年前知道自己的不足并加以改正，这样一来，世上便会有50%的人可能让自己成为一名了不起的人。这些话，很明白地阐述了一个真谛，那就是反省对于人生的深刻意义。

“吾日三省”是古人对于反省最深刻的写照，那么我们呢？混迹于职场江湖，我们又是怎样去理解自我反省？其实，自我反省的过程就是一个学习的过程，是一个人心智不断提高和成熟的过程。有没有自我反省的能力，具不具备自我反省的精神，会直接决定我们能否认识到自己的不足。很明显的一个道理是，倘若我们无法认识到自己的不足，就无法通过学习来弥补自己的不足。如果是这样，那么想不断取得进步，就有些困难了。

现实中总有这样一种人，他们的动手能力很强，学习能力超群，照理说，这是一类拔尖的人，事业理应蓬勃发展。但奇怪的是，他们在事业上却总是停滞不前。原因何在？是因为他们从来不善于发现自己在什么地方还有不足和缺陷，在哪里容易出现问题。可以说，是不足和缺陷导致了这样的结果。我们有没有过这样的情形？如果有，那就还请多问问自己：我有反省过自己的不足吗？

《伊索寓言》中有一个“两只口袋”的故事：普罗米修斯创造了人后，给每个人挂上了两只口袋，一只装着别人的恶行，而另一只则装着自己的恶行。他把那只装有别人恶行的口袋挂在前面，却把装有自己恶行的口袋挂在后面。这样一来，人们总是能看见别人的恶行，却看不见自己的恶行。

很有意思的一则寓言。这说明了在很多时候，我们即便是存在着反省自己不足的念头，却很难进行下去。因为人的本性决定了，我们总会很轻松地发现别人的不足，却难以发现自己的不足。但也正是因为如此，我们更需要认真地反省自己的不足。只有通过反省，我们才能扬己之长补己之短；也只有通过反省，我们才能看到自己“背后”的那只口袋。

苏格拉底认为：“未经自省的生命不值得存在。”可以说，自我反省是一种道德修养的方法。反省自己的不足，其实是给我们提供了一个自察的机会。虽然我们看不见自己的背后，但因为努力地进行自我反省，这就等于在我们背后装上了一面镜子，这面镜子足以照出我们所有的不足。孔子曾说：“见贤思齐焉，见不贤而内自省也。”讲的也是这个道理。

商代的纣王，是历史上有名的暴君。他每天只知道吃喝玩乐，荒淫享受，头枕美酒，怀拥美女，深陷极乐世界而不能自拔。他的这种行为，导致小人当道，朝政腐败，民间怨声载道，战乱四起。后来西周崛起，在西周大军的打击下，他的军队多次失利。但可悲的是，他仍然不知道自己反省，只认为是自己一时的运气不好所致。恐慌之后，他仍然每天沉溺于花天酒地之中，而不去考虑自己的国家为什么会如此动荡不安，走到如此地步。因为不知自省，偌大的一个商朝，最终被自己的一个诸侯小国所亡。

越王勾践曾经有过一段亡国之君的历史。在越国被吴国打败之后，他被吴国所俘，成为夫差的阶下囚。这个时候，他才猛然醒悟，开始检讨自己。他每天都会反省自己失败的原因，通过反省发现自己的不足，然后进行总结和分析，找出改正的方法。为了可以激励自己奋发图强，他甚至在自己居住的室内悬挂了一枚苦胆。当累的时候，想懈怠的时候，他就会尝一口苦胆，然后问自己：你忘记亡国的耻辱了吗？因为可以自我反省，他很快通过学习弥补了自身的不足，并积蓄了强大的力量。最终，他战胜了强大的吴国，成就了梦想，成为了一方霸主。

能不能反省自己的不足，就是有这么大的差别。商纣王和越王勾践，同为一代君王，一个不知道反省，每天只知道我行我素，所以助长了自己的缺陷和不足，以致国破人亡；另一个呢，因为有过失败的教训，所以他懂得了只有通过反省，才能知道自己的不足，才能有针对地去弥补自己的不足，所以他创造了一个历史上的奇迹，虽然国曾破人被俘，但却依然扭转了局势，战胜了强大的敌人，成为一方霸主。

这是反省自己不足的力量。其实我们完全可以用一个很简单的因果关系来表示：因为经常反省，所以才能知道不足，然后才能不断改正。没错，我们反省的是自己的不足，得到的是弥补不足的方法。试问，当我们身上的不足越来越少的时候，又怎么能够不进步、不成功？

很多人都会觉得这是一个平常，再平常不过的道理，但脚踏实地做起来的时候，却又很难。似乎人人都懂得自加，但却少有人懂得自减，就像“两只袋子”的故事一样。但是现在我们知道了，如果想要进步，想要发展，我们就必须自我反省，反省自己的不足，反省自己的缺陷。我们不能总是停留在“长于责人，拙于责己”的阶段，而是要好好地问问自己：我反省自己的不足了吗？

工作中，我们离不开自我反省。当我们在没有恶意的情况下说了一些话，使得别人不开心，而自己却一无所知时；当我们在工作的时候忙忙碌碌，却分不清主次，没有目的，以至于整个团队进程受阻却不自知时，我们会悄然走进一个危险的旋涡。如果处理不好，我们就极有可能被这个旋涡所吞没，以至于身受苦害。那么，反省一个自己吧！

反省自己，其实也是一种改变，是一种内在的改变。当我们懂得享受这种改变的时候，会发现自己从内到外，正悄然发生着变化。

2. 金无足赤，人无完人

人生充满了尝试与错误，一次失利不代表我们永远失利，一次失败也不代表我们就此出局。金无足赤，人无完人，失利和失败只能代表我们身上还存在着不足，这是人生的自然定律。所以，我们无需为自己的失利而伤感，为自己的失败而沉沦，为自己的不足而妄自菲薄。不足对于我们来说，只是成长的一部分，就像蚕成长需要蜕皮一样，我们也需要“脱去”不足。

大诗人李白，才高八斗，学富五车。他的诗才不仅在唐代广为人知，即便是在1000多年后的今天，依然璀璨生光。可是，他也有不足之处，而且还为数不少。他最大的一个不足之处就是嗜酒，用现代人的眼光来看，他就是一个货真价实的“酒鬼”，嗜酒如命，整日喝得醉醺醺，神游物外。可是，“酒鬼”的噱头掩饰不住他“诗仙”的名头，他的诗也成为我们国粹中的无价之宝。当然了，以李白为例，我们只是想说，在现实生活中，金无足赤，人无完人，是一个不争的事实。所以，我们不需要在发现自己的不足时迷茫、恐惧和害怕，要敢于正视自己的不足。想想看，名垂千古的大诗人都有这么大的不足，何况我们呢？

但是，话又说回来，以李白为例，我们只能学习李白不为不足所困的豁达，却不能学习他知不足而不改的狂放。他知道自己的不足，却没有刻意改正，一生都与酒为伴。现代社会不同于古代，尤其是职场，激烈的竞争使得我们必须大踏步前进。知不足而不知改进，不能扬长补短的人，将很难在职场这片江湖中打拼出自己的一片天地。一个很简单的道理，不能知不足，不知扬长补短，又何以能够进步？

在生活中，在工作中，无论再忙，再没时间，我们都要学会给自己一些反省的时间。我们要努力寻找自己的不足，当发现自己的不足和缺陷时，要学会以从容的心态来面对这些不足。金无足赤，人无完人，我们有不足，只是一件很平常的事，不需要妄自菲薄，惴惴不安。只要调整好心态，正视自己的不足，弥补自身的缺陷，就可以了。

一个越国人家里老鼠泛滥，为了捕鼠，他特地弄回来一只善于捕捉老鼠的猫。这只猫非常厉害，有时候一个晚上就能捉住好几只老鼠。自从猫来了之后，这个越国人家里的老鼠日趋渐少。但是，这只猫却有一个很大的缺陷，那就是也爱捉鸡。当没有老鼠可捉的时候，它就会捕捉鸡舍中的鸡。老鼠越来越少，鸡舍中的鸡也越来越少。为此，越国人的儿子头痛不已。一天，他对父亲说，想要把吃鸡的猫送给别人。

猫正在墙角晒太阳，听到他的话以后，大吃一惊，非常害怕。它担心主人将自己送给别人，会被别人打死或者杀掉，因为没有人喜欢一只爱吃鸡的猫。于是，它对越国人哭诉，希望越国人不要把自己送走。它说："我也知道自己的缺陷和不足，并由此感到害怕。可是，当我越感到害怕的时候，就越需要杀戮来淡化自己的害怕。"

越国人笑了："你不需要害怕，我不会把你送人的。祸害我们家中的是老鼠而不是鸡，老鼠偷我们家的食物，咬坏我们的衣物，损害我们的家具，挖穿我们的墙壁。如果不除掉老鼠，我们家必将挨冻受饿，所以必须除掉老鼠！但是，如果没有鸡，我们最多少吃一些鸡肉，离挨冻受饿还远着呢。所以，我不会送你走。至于你的不足之处，那更不需要害怕。你也看到了，当我不开心的时候，就会骂自己的儿子出气。难道因为这个不足，我就需要离家出走吗？金无足赤，任何人、任何事都有自己的不足。现在，我已经在学着慢慢改变了。"

猫听了越国人的话，心中大定，没有害怕，也就慢慢改掉了缺陷。

非常有趣的一个小故事。这个故事也让我们明白了这样一个道理，既然连猫都无可避免地会有缺陷，那么人有缺陷和不足，就根本算不得什么了。生活中，我们能不能成功，关键不在于我们有没有缺陷和不足，而是在于我们有没有直面缺陷和不足的勇气。

有则笑话是这么说的：有个人乘船在大海中航行，晚上停泊在了一个海岛上。半夜的时候，这个人被一阵哭声吵醒了。侧耳细听，他发现哭声是从水底传来的，哭声中隐约有人说话。于是，他就认真地听着。

他听到，其中有一个声音说："昨天龙王下了一道命令，水族中凡是有尾巴的都要斩首。我是一条海蛇呀，很害怕被杀头所以才哭。可是，你哭什么啊？据我所知，你只是一只生活在淡水中的蛤蟆，又没有尾巴，不用担心被被杀，哭什么呢？"

另一个声音抽噎着说："虽然我现在没有尾巴，但是，我还要担心啊！万一，龙王追究我当蝌蚪时候的事情呢？"说完又是一阵大哭。

确实好笑！金无足赤，人无完人，再一次得到很好的印证。生活中，可以说无论是谁，都会存在着缺陷和不足。就算是一只没有尾巴的"蛤蟆"，它也曾经有过有尾巴的时候。当缺陷和不足赤裸裸地出现在我们身上的时候，我们不应该逃避，更不应该羞愧。因为本来缺陷和不足就是人生的必然，谁都无法将之完全抹去。我们要做的，是正视自己的缺陷和不足，看看如何改进，如何"进化"。

现代人不就是从远古人类一步步进化来的吗？

在工作中，我们会慢慢发现自己有很多的不足之处。我们可能会小心眼，不能很好地与同事相处；我们可能会说话不检点，总是得罪同事。那么，在发现自己这些缺陷和不足的时候，我们需要一直害怕地对自己说：怎么办啊？我这样，将很难交到朋友！需要这样说吗？不需要！我们要改，要变！要将这些不足从自身抹去，只有这样，才能成长。

当然，在工作中我们还会遇到一些难关，这些难关往往会因为我们自身的缺陷和不足而无法攻克。那么，别害怕，金无足赤，人无完人，坦然面对，我们可以改正。

3.

学会反省，就是进步

骄傲与偏激，是我们最不可取的心态。在很多时候，我们明明已经从内心那个阴暗的角落里窥见了自己的不足与缺陷，但却仍旧骄傲地不肯反省。我们甚至偏激地认为，反省自己的不足与缺陷，就是承认自己不够完美。

可是我们这样做，实在是错了。懂得透彻的自我反省，才能塑造有底气的价值，才能扬己之长补己之短，才能使自己更趋近于完美。我们纵然不能做到十全十美，但是如果能够学会反省，就能悄然靠近完美。因为在反省中，我们的不足与缺陷将会越来越少，此消彼长，优点自然而然就会越来越就多。而越来越多的优点，则是我们离完美更近的关键因素。

所以，无论是在生活中，还是在工作中，能够学会自我反省，其实就是一个很大的进步。不管我们有没有开始从反省中扬己之长补己之短，只要能够学会自我反省，就说明我们已经远离了骄傲与偏激，开始虚心正视自己的不足与缺陷。能够学会反省，实在是一个很大的改变，是一个可喜可贺的进步。

大学毕业后，小张度过了一段非常“彷徨”的时期。因为专业比较冷门，他在北京东游西荡地漂泊了将近3个月，也没有具体落实下来自己的工作，高不成低不就，只能空自感叹命运不济。没有办法，他只得接受朋友的帮助，进了朋友所在的公司做轴承清洗机的网络推广。

这份工作和他所学的专业一点也不对口，更要命的是，他对网络的了解不多，所以工作起来难度很大。而且他的性格活泼好动，天天对着电脑，亦感觉非常的枯燥。一段时间以后，他的枯燥感上升成为压抑感，在压抑的环境中，他觉得自己的每一天都是一种煎熬。

有了这种心态，工作起来的积极性自然大打折扣。他开始应付起工作来，天天"草草"上班，"潦潦"下班，马马虎虎，不温不火。一段时间之后，他的业绩还在原地踏步走，而他周围的同事，每个人都有了不少固定的客户。

月底发薪水的时候，他才看到了差距。是自己不行吗？不适合做这行吗？晚上一个人回家的时候，看到路灯下自己那拉长的身影，他忽然有所感悟：影子有短有长，人的能力也有短有长，但却并不固定，因为努力可以变短为长。

回到家中，他破天荒没有去玩游戏，而是拿起笔认真写下自己前段时间在公司的付出和收获。两者一对比，他发现自己刚来公司的时候虽然什么都不会，但却意外地找到了两个客户，而当自己感觉到工作枯燥和压抑之后，就再也没有找到客户。很明显，不是自己不适合做这行，而是自己的心态有问题。没有耐心是自己最大的不足，缺少耐心的工作自然非常枯燥。

他开始试着调整自己的心态，刻意去锻炼自己的耐心。有空的时候，他甚至还去找一些老同事聊天，向他们学习推广的经验。他的日子开始变得充实起来，不再觉得枯燥。一段时间之后，他惊奇地发现，客户原来离自己很近，仅有一步之遥而已。

他对朋友说："虽然现在还没有做到像你们那样出色，但是学会了反省自己的不足，所以我相信，用不了多久，这些工作我能做得很好。"

每个人的身上都或多或少会有一些不足和缺陷。很多时候我们并不知道自己的不足和缺陷，但是它们却能成为妨碍我们成功的致命障碍。

病菌虽小，但是藏匿在人们体内，终能引起疾病。那些我们无法看到的细微缺陷和不足，正是我们“体内的细菌”，它们并不会突然爆发影响我们的健康，但却会使我们一点一点虚弱起来。小张就是一个例子，他性格中的不足之处就是没有耐心，但是这么一个小小的缺陷，却让他的工作变得艰难起来。幸好，他懂得了自我反省，从反省中看到了自己的不足。

我们都想成为工作中的强者，但是，一个真正意义上的强者不仅仅在于要去经历各种困难和挑战，还在于能不能战胜自己。战胜自己的前提就是自我反省，找出自己的不足和缺陷。因为只有能够找出自己的不足和缺陷，我们才有迎接困难挑战的资本和力量。

是的，反省是一种力量。古人说：“躬自厚而薄责于人，则远怨矣。”习惯于向别人，向别的地方推诿责任的人，永远无法真正成长起来。就算我们把别人说得再无能，把事情说得再困难，于我们本身却没有一点益处，因为我们没有改变。不能学会自我反省的人，就如同井底中那只青蛙，永远只能看着井外的那一小片天空，空自羡慕。它跳不出去，因为它从没有反省一下自己，是不是自己的力量不够。

其实在工作中，我们需要反省的地方还有很多。我们不仅要反省自己对待工作的态度，还要反省自己对待同事的态度，因为任何一处细微的不足和缺陷，都有可能给我们带来失败。而只有通过反省，我们才能扬长补短。

先学会反省自己的不足，我们才能懂得如何改变。

4. 织出一张漂亮的大网

渔民捕鱼的时候，最有利的武器是一张大网。无论大鱼多么凶猛，撞到网里的时候都会在劫难逃。可是，有一种情况例外，那就是当网破的时候。没错，无论渔民的技术多么高超，但只要手里拿的是一张破网，往往就会很难捕到大鱼，网上的破洞会成为大鱼的“逃生窗口”。想要捕到大鱼，唯一的办法是，将破洞补好，织出一张漂亮的大网。

应该说，在现实生活中，每个人都拥有一张并不完美的大网。我们每个人的身上，或多或少都会存在着一些不足和缺陷，而这些不足和缺陷，就是我们大网上的破洞。请记住，无论这些洞破得是大是小，它们都会成为我们丰收的障碍。毋庸置疑，网上的大破洞会放走大鱼，而小破洞也会随着时间的推移慢慢变成大的破洞。所以我们必须要用心去织，用心去补，才能防患于未然，才能消弭危机于无形。

无论是在生活还是在工作中，我们每个人都需要有一张漂亮的大网。和家人相处，坏脾气会成为我们网上的破洞，在很多时候，幸福会从这些破洞中悄然溜掉；和朋友相处，缺少包容会成为我们网上的破洞，在很多时候，友情会从这些破洞里猛然冲出；在工作中，急躁会成为我们网上的破洞，在很多时候，成绩会从这些破洞里突出重围，隐身藏匿……多了多了，在我们的大网上，这样的破洞还有很多，无需一一赘述。我们只需要知道，如果不能及时想方设法将这些破洞补起来，织出一张漂亮的大网，那么我们的人生之路将会难走很多。

夏朝的时候，启继承了禹的权位，在钧台大宴各地部落的首领。部族有扈氏都对于启破坏禅让制度的做法十分不满，拒绝出席钧台之会。在等级制度森严的古代，拒命不从是很严重的罪行。于是，启以“恭行天之罚”的名义讨伐不服从自己的有扈氏。

初战的结果，是启反而被彪悍的有扈氏打败了。他的部下很不服气，纷纷请战，要求继续进攻。但是，启在一阵沉默之后却说：不必了，我的军队比他的多，地也比他的多，可是最终还是打了败仗，那只能说明，我的德行不如他，带兵的方法也不如他。从今天起，我一定要好好反省，找出自己的不足之处，然后改正过来。

从此以后，他每天很早就起床处理政事，从不懈怠。他衣着朴素，粗茶淡饭，生活非常艰苦。他把百姓切切实实放在自己的心上，关心百姓疾苦，任用有才干的人治理国家，尊敬有品德的人。仅仅用了一年的时间，他的声望得到了空前的提升，有扈氏知道他的做法，也是大为恐慌，再也不敢来犯。

最后，启终于打了胜仗，灭掉了有扈氏。

虽然说胜败乃兵家常事，但从这个事故里，我们却可以读到另外一层深意。启的最终胜利，在很大程度取决于他补好了自己网上的破洞，织出了一张漂亮的大网。每个人的生活都是由一张很大的网组成。网上的每个结点，都代表了我们所拥有一项能力。当我们有所缺失，有所不足的时候，这张网就会出现一个破洞。拥有一张处处是破洞的大网，我们的人生将会失去很多机会。所以，我们要时时反省自己，时时审视自己，当发现网破的时候，不要犹豫，要想方设法地赶紧补好。

补好网，我们就可以尽可能少地放走网中的“猎物”。但是，如果无法及时补好破损的大网，那么我们失去的将不止是网中的大鱼了。

有一个小伙子，总是抱怨上苍的不公，因为他一直都没有一份可以让自己满意的工作。他做过很多份工作，但却从来没有感到过开心，甚至到了现在，连糊口都成了问题。为此，他整天郁郁寡欢。

一天，他看到了一则招聘启事，一个作家需要招聘一位抄写员。他感觉很开心，因为他一直很喜欢读这位作家的小说。他对自己说，这是个好机会，一定要去试试。一番详谈之后，作家欣然录用了他。作家说，看来你非常用心这份工作，我们会合作愉快的。而对于小伙子来说，这份工作的薪水比他以往的任何一份工作都要丰厚。

作家很忙，在一切谈好之后，他迫不及待地让小伙子开始工作。他急需要尽快整理出一部稿件出来。

小伙子并没有听从作家的吩咐，坐下来整理稿件，因为这个时候，屋子里的挂钟响了，正好是晚上六点。在一般的公司里，此刻正是下班的时间。小伙子认真地作家说：不好意思，我现在不能工作了，我要下班去吃饭。

作家笑了：是的，你必须去吃饭，你必须去！你应该为这顿饭祈祷，因为你一直在等待着它！今天你吃饭的时候，可否认真地反省一下，它真的如此重要？我想，我们以后不能在一起工作了。

很明显，这位小伙子又失去了一份工作。他没有泄气，一边继续感叹着命运的不公，一面继续寻找工作。

对于我们来说，与其感叹命运的不公，倒不如静下心来，好好反省一下自己，看看到底是命运的不公还是自身存在问题。从这个小伙子的故事中，我们可以看出，命运没有不公，命运很公平地给了他机会，但是，他人生的大网上却早已千疮百孔，再也捞不起任何一条大鱼小虾了。他的性格上有很多的不足之处，他喜欢抱怨、不肯努力、不肯认真工作，更不会做到投入工作。其实这些，都是工作中最不应该有的心态，但是他全有。所以，他人生的大网注定捞不起任何东西。

其实，对于他来说，这些都不算什么。只要肯自我反省，他完全有能力补好自己这张大网。在很多时候，生活中、工作中的很多不足之处，对于我们来说都算不了什么，一点也不可怕。最可怕的是，我们不知道自我反省，或者是反省之后不愿意修补破洞。这些，才是我们人生的大忌。

时时反省自己，找出自己人生大网中的破洞，认真修补，我们就能织出一张漂亮的大网。这张漂亮的大网，将使我们收获精彩的人生。

5. 不知不足，何以完善

古希腊哲人赫拉克利特说：“一个人的性格就是他的命运。”仔细揣摩，我们会发现这句话里包含了两层含义。第一，对于一个人来说，性格与生俱来，伴随终身，就像命运一样无法挣脱；第二，性格对于一个人的命运有着至关重要的影响。所以，我们也可以这样来理解这句话：好的性格会使人生的路更加好走，不好的性格会使人生的路倍加艰难。

《三字经》里说，人之初，性本善。其实人不止是本性善良，所有人最初的性格也很好，只是由于后天环境和经历不同，才造成了各自不同的性格。在这里，我们需要先来了解一个名词，什么是性格？所谓性格，指的是人对现实的态度和行为方式中较稳定的个性和心理特征，是个性的核心部分，最能表现个性差异。好的性格指的是开朗、刚强、认真等心理特征；不好的性格指的是骄傲、懦弱、冷漠等心理特征。这些性格特征我们都很熟悉，因为无论好与不好，我们身上就有这些心理特征。一个人的性格如何，在于这些性格特征所占据的比例。虽然好的性格可以帮助我们成事，不好的性格可以致使我们败事，但由于性格特征是由于人的经历和环境不同所致，所以在生活中性格特征可以发生改变。

这也就是说，好的性格特征可以变为不好的性格特征。当然，不好的性格特征也可以变为好的性格特征。而转变的主角，正是我们自己。

我们每个人都想让自己走向事业的成功，所以我们想要有好的性格，以适应事业发展的需要。我们只是在这样想，努力了吗？其实想要使自己的性格发生转变，使不好的性格特征转变为好的性格特征，一点也不难。那些不好的性格特征，正是我们的不足之处。我们只要善于反省，找出自己的这些不足之处，改变就不会很难。古人云："知不足者好学，耻下问者自满。"我们一旦知道了自己的不足之处，就会很容易变得谦虚好学起来，那么弥补自身的不足，也就变得简单起来。

有位哲人这样说过：一个成功者以最谦虚的态度来接受一个最忠诚的指导，这并不影响他的独立人格。在通过反省，找到自己的不足之后，我们其实已经接受了一个最忠诚的指导，而指导我们的，正是我们自己。反省是我们的老师，其教会我们改正的方法，在改正过后，我们的性格特征发生了变化，由不好变为好。在不断自我省，不断自我弥补之后，我们浑身上下，由里到外都会发生了深刻的变化。我们变得自信、坚强、勇敢、无畏，等等，这些好的性格特征齐聚于我们身上，而那些不足则被我们一一弥补。那么这个时候，我们能不进步吗？能不成功吗？

有一天，士兵们接到通知，上级要来视察，于是他们列着整齐的队伍等候上级的到来。一位头发花白的将军在一大群人的陪同下走进了军营，当他看到列队等候检阅的士兵时，一脸的凝重。他走过一个个的士兵，认真打量着他们。他知道，军队的希望就在这些年轻的士兵身上。军容肃整，他很是满意。

忽然，他的目光落在了一个年轻的士兵身上。这个士兵戴的帽子很大，大得都快遮住了自己的眼睛；他的衣服也很大，穿在身上松松垮垮，显得不合身。将军有些生气，这个士兵的形象格格不入，就像是一把沙子中的一块泥巴。

将军冷冷地问："士兵，告诉我，你的帽子怎么会这么大？"

"报告长官，不是我的帽子大，而是我的脑袋太小了。"士兵认真地回答。

将军一愣，有些意外，他没有料到士兵会如此回答，语气缓和了下来："那么，你的军服是怎么回事？也是同样的理由吗？"

士兵回答："是的，将军，我的个子太矮了，所以军服才显得有些大。"

将军笑了，在军队几十年，他遇到过很多次类似的问题。但是，这样的回答，他却是第一次听到。他对士兵说："脑袋太小不就是帽子太大吗？个子太矮不就是军服太大吗？我听不出这其中有什么差别，而你，却很固执地将这两种说法区分开来。能告诉我，理由是什么吗？"

士兵回答："报告将军，我认为，一个军人，如果遇到什么问题，就应该先反省一个自己，从自己身上来找原因，而不是从其他方面找原因。"

将军听完后一阵沉默，然后站直了身子，很认真地向士兵行了一个军礼。

多年以后，这位士兵成长为一位叱咤风云的将军。

这个故事很短暂，几问几答之间，这位可敬的士兵已经很明白地告诉了我们一个道理：不要总把问题的原因归结于外，要自我反省，从自身寻找问题的根源。当学会自我反省的时候，当能够从反省中寻找出问题原因的时候，我们就可以根据自己的这些反省，有的放矢地进行弥补，进行改正。这会是一种改变，这种改变，能使我们变得越来越强。

只有通过自我反省，才能知道自己的不足，而只有知道了自己的不足，我们才能够扬长避短，才能够进步。很显然，一个善于自我反省的人，往往可以从自我反省中找到自己的不足和差距，从而不断弥补自己的欠缺，发挥自己最大的潜能，最终走向成功。反之亦然，一个不善于自我反省的人，是不会从问题中找到自己的不足和差距的，他们只能一次又一次地在同一个地方跌倒，摔得鼻青脸肿，然后与成功擦肩而过。

美国著名的西点军校历来倡导学员经常进行深刻的自我反省。他们认为，在实际的训练和学习中，只有通过自我批评和自我反省才能够不断地完善自己，从而提升自身的战斗力和团队力量。毋庸置疑，这种做法是正确的，西点人通过这种做法培训出了大批的优秀将领。而作为普通人的我们，也可以通过自我反省让自己优秀起来。

当工作无法改变的时候，我们需要改变自己，而时时反省自己的不足，则是改变自己的一条必由之路。我们如果想要改变，就必须学会自我反省。在很多时候，我们的不足隐藏在很深的角落里，只有深刻的反省才能找出它们，然后，改变它们。

有反省，才能知不足；知不足，才能完善自身。

第八章

改变习惯，清除身心的“垃圾”

“习惯真是一种顽强而巨大的力量，它可以主宰人生。”培根一句简单明了的话，一针见血地指出了习惯的力量。我们的人生，因习惯而定！好的习惯促使我们上进，给我们力量；坏的习惯消磨我们的意志，让我们消沉。在好的习惯面前，成功看似遥远，实则唾手可得；在坏的习惯面前，成功看似很近，实则遥不可及。这些，就是习惯对我们人生的影响。然而，再完美的人，也不可能身具所有的好习惯，他们总会不由自主地沾染一些坏的习惯。我们也无法幸免，总会受到一些坏习惯的影响。那么这个时候，我们应该怎么办？难道就任由坏习惯影响我们的人生吗？当然不！我们可以改变！

1.

你发现自己的不良习惯了吗?

亚里士多德说:“人的行为总是一再重复。因此,卓越不是单一的举动,而是习惯。”这句话我们可以理解为,有些人之所以能够成就卓越,是因为他们一直在用习惯支撑自己的行动。当然,这种习惯,是好的习惯。可以说,好习惯有着无与伦比的促进力量,而不良习惯对人却有着难以估量的负面影响。

一个人无论做什么,都可能形成习惯。有些人怕干活,怕辛苦,所以时间一长,就会形成习惯性的懒惰;有些人不怕辛苦,总是秉承天道酬勤的理念,兢兢业业地做着自己手中的工作,所以时间一长,就会形成习惯性的勤快。有的人稍微遇上点不顺心的事,就会烦躁,乱发脾气,时间一长,就会变成习惯性的烦恼;有些人很懂得克制自己,遇到不顺心的事,也会强迫自己按捺住冲动的脾气,时间一长,就会变成习惯性的冷静……

无论好的习惯,还是不良的习惯,都是这么产生的。就连我们最简单的走路姿势、个人卫生、吸烟、喝酒等日常生活中的细枝末节,也是这么产生的。一种行为,我们一直这样做得久了,也就成为习惯。但是,习惯虽然产生于细微,但对于我们的影响却并不细微。本杰明·富兰克林说:“一个人一旦有了好习惯,那它带给你的收益将是巨大的,而且是超出想象的。”莎士比亚说:“不良的习惯会随时阻碍你走向成名、获利和享乐的道路上去。”好习惯和不良习惯对于我们的影响之巨,在这些名人的话中可见一斑。

正因为如此,所以我们每个人,都想让自己养成好的习惯。没错,习惯是养成的,只要愿意,只要注意,每个人都能养成好的习惯,摒弃不良习惯。但是对于很多人来说，这种说法更像是理想中的“乌托邦”，或者是一片景色诱人的“桃花源”，因为无论如何小心谨慎，不良习惯还是会在不经意间飞扑而来。那些不良习惯就像游泳时不经意间爬到我们身上的蚂蟥，初时不痛不痒，不咸不淡，可是等到感觉到痛的时候，想甩却又很难甩掉。这就是我们的苦恼，欲拒不能，只能忍受不良习惯的折磨。

我们发现自己的不良习惯了吗？在生活中，在工作中，它们极有可能像是跗骨之蛆，紧紧地叮在我们身上，让我们吃尽了苦头。当然很苦！想想看，我们懒惰，工作业绩一塌糊涂，只能远远落在其他同事后面；我们暴躁冲动，总是得罪了一个又一个同事；我们自满自负，所以停止了“成长”；我们习惯嫉妒，所以心里总是见不到阳光。等等，这些还不够吗？这些不良习惯，虽然看起来微不足道，但放在我们身上，却像是掉进了汤锅中的老鼠屎，毁掉了整锅汤。

所以，我们应该多问问自己：我们发现自己的不良习惯了吗？虽然那些不良习惯有时候也会藏匿起来，但多回头审视一下自己，我们就会发现自己的不良习惯。

有一家大型食品公司要招聘一位卫生检测员，因为待遇丰厚，所以应聘者纷纷而来。经过激烈的初试筛选，有两个年轻人脱颖而出。在休息室等待最后一轮面试时，小A信心十足，因为他发现，自己的对手小B无论是在学历还是在经验方面都远逊于自己。他心中笃定，最后胜出的一定是自己。

面试开始了，气度不凡的小A神采飞扬地走进了总经理的办公室。他谈吐的优雅，丰富的经验，扎实的专业知识赢得了总经理的好感。总经理心中已经打定了主意，决定录用他。没想到，在转身离开的时候，他下意识地抠了一下鼻孔。这一切，都被总经理看在眼里。

结果可想而知，没有小A优秀的小B得到了这份工作，而小A却落选了。总经理的想法很简单，一个没有良好卫生习惯的人，又怎么能做卫生检测员呢？而小A呢，他做梦也没有想到，自己之所以会失去这份工作，只是缘于一个“抠鼻孔”的坏习惯。

英国作家毛姆曾经说过:“养成好习惯比改掉坏习惯容易得多,这是人生的一大悲哀。”其实人生的悲哀还不止于此,在很多时候,人们甚至无法发现自己的不良习惯。正如小A,他可能一直无法知道,“抠鼻孔”是一个很不好的习惯。对于他来说,这个习惯早已自然而然地生根于其身了,和用右手拿笔写字没有多大区别。但是,这实在是一个不讲卫生的不良习惯,这个习惯甚至让他失去了工作。这难道不是悲哀吗?是的!养成好习惯比改掉坏习惯容易得多是人生的悲哀,身上存在着一些坏习惯而不自知,更是人生的悲哀。

为了不让这个悲哀发生在我们身上,多低头审视一下自己:我们发现自己的不良习惯了吗?如果发现了,又该当如何?

美国开国元勋富兰克林曾经有过一个非常不好的习惯,他做事太爱争强好胜,又喜欢斤斤计较,以至于动不动就和别人唇枪舌剑。因为这些不良习惯,他很难和别人和平相处,这使得他失去了很多朋友。

有一次,当他又和朋友争吵完,朋友拂袖离去之后,他才幡然醒悟:不良习惯已经使自己失去了很多朋友,不能再这样下去了。他决心改正自己的不良习惯。

他把自己关在书房,列出了一个清单。在这张清单上,他写出了自己所认为的,自己所有的不良习惯。看着上清单上面密密麻麻的不良习惯,他暗自下定了决心,一定要把这些不良习惯从自己身体里清除出去。他从最致命的不良习惯开始,慢慢纠正自己,就连不足挂齿的小毛病也不放过。在他的努力下,自身的坏习惯越来越少。

当他把自己列在清单上的毛病全部“清除”干净的时候,良好的习惯遍布全身。他不仅不会冲动地再和朋友唇枪舌剑,更会站在朋友的立场上去考虑问题。他的一举一动,一言一行,都成了赢得朋友的最佳武器。不仅如此,身上的不良习惯越来越少了,在其他地方,他更是处理得如鱼得水。

一个全身都是好习惯的人怎么能够不成功呢?他成了一位最优秀的政治家,不仅深受美国人民的崇敬,就是在世界上也享有很高的声誉。

应该说，习惯是一种最不被人重视的存在。可是在很多时候，这个“不重视”却恰恰又会成为影响人们成功与否的重要因素。因为不重视，我们无法坚持好的习惯；因为不重视，我们也无法发现不良的习惯。在这样的情形下，好习惯有可能慢慢发生了蜕变，成为不良习惯。而不良习惯呢？它们则有可能会藏匿起来，让我们无从发现，但却在暗地里破坏着我们的成功。

所以，在工作中，我们也要试着成为一个重视自己习惯的人。“有则改之，无则加勉”。这是我们对待习惯应该有的态度。好的习惯我们要坚持，不好的习惯，我们要学会去改正。只有如此，我们才能及时“清除”掉那些身心垃圾。对了，不良习惯既然可以影响我们的人生，对我们的事业产生很大的负面影响，那么它们就是我们的身心垃圾。

清除掉它们，我们才能使自己强壮起来。

当工作无法改变的时候，我们要学会改变自己。要想改变自己，我们发现自己的不良习惯了吗？

2. 踢走精神的腐蚀剂，懒惰

苏格兰文坛怪杰卡莱尔曾经这样说：“世界上只有一个怪物，就是懒汉。”为什么会这么比喻呢？很简单，因为懒汉们常常做出匪夷所思的奇怪举动。我们混迹于职场江湖，就还以职场中人为例：同样一份不错的工作，勤劳者兢兢业业，越做越好。而懒汉们呢？因为懒惰，所以放在手边的业务他们会置之不理，放在口袋旁边的高薪他们会弃而不要。这难道不是很奇怪吗？当然很奇怪，在懒惰面前，懒汉们似乎变成了一个矛盾集合体,想要好的结果却又懒于去做?不是怪物,又是什么?

不客气地说,懒汉们确实是怪物。但是从理性的角度来看,我们会发现,世上所有的懒汉,都是一些离成功并不遥远的人。抛开生活不能自理的人,抛开傻子弱智,我们可以把其余的懒汉们定义为:一些身上有坏习惯的潜力人群。可不是吗?他们的懒惰是一种坏习惯,这种坏习惯,使得他们只能望着成功的方向唉声叹气,但却不肯尽力去做。实际上,大部分懒汉都有走向成功的潜力。可是懒惰,却使他们很难走向成功。懒惰就像是精神的腐蚀剂,会让他们一直停留在"想得到,却懒于做"的境地。

这是一种恶性循环,懒惰腐蚀精神并不会适可而止,只会变本加厉,如果不加制止,我们的人生,就会被懒惰腐蚀殆尽。想想就觉得可怕,这个时候,我们还会说,懒惰只是我们一个微不足道的小毛病吗?当然不!我们应该时时想起美国著名作家阿尔伯特·哈伯德的话:"没有天生懒惰的人,人总是期望有事可做。"所以我们不是天生懒惰的人,所以我们要对自己说:滚开吧!懒惰!我以前没有你,现在不要你,将来还要离你远远的!

对,踢走懒惰这种精神腐蚀剂,改掉这个让我们偏离成功的坏习惯,我们的路会更加好走。请记住:如果无法改变,我们的人生将无法光鲜亮丽。

喜鹊兄弟俩自小住在同一个窝里,经常一起捉虫玩耍,生活得非常开心。但是有一天,它们却开心不起来了,因为一阵大风吹破了鸟巢,它们温暖的家里,出现了一个破洞。兄弟俩面面相觑,却都不肯动手修补破洞。

大喜鹊心想:"老二力气比我大,它一定会去修的。"

小喜鹊心想:"老大比我有经验,它一定会去修的。"

这几天天气不错,它们吃饱了就趴在巢里暖暖地晒着太阳,谁也不肯动手去修。但是,破洞却越来越大了。当风从破洞中刮进来的时候,它们意识到,巢一定要修补了。

但是,它们还是谁也没有动。

大喜鹊心想:"这下,老二一定会去修补了。再不补,这巢就没法住了。"

小喜鹊心想:“这下,老大一定会去修补了。再过几天,天就冷了,这风吹进来,它会觉得冷的。”

但是想来想去,它们却还是谁都不愿意动。它们心里都有一个想法,吃饱了晒晒太阳多好,反正有人去修补鸟巢。

风越吹越大,破洞也越来越大。天要变了。一段时间之后,西北风呜呜地吹着,天上居然纷纷扬扬地飘起雪花来。喜鹊兄弟蜷缩在巢里,听着从破洞中传来的呼呼风声,冻得瑟瑟发抖。但是,谁都没有想到动手来修补这个破洞。

大喜鹊心想:“天这么冷,我就不相信老二不去修补。它去修补的时候,我还能再打个盹儿。”

小喜鹊心想:“天这么冷,我就不相信老大不去修补。昨天晚上的那个美梦还没做完呢,我再接着做。”

就这样,兄弟俩谁也不肯动手修补。它们各怀心事,只是把自己的身子蜷缩得更紧了。它们都在想:只要受不了这么冷的天气,它就会动手修补鸟巢。

可是,没有等有人开始修补,大风就把它们冻僵在鸟巢里了。

这就是懒惰的代价。其实在我们身上,所有的坏习惯都会让我们付出代价的,懒惰也是如此。或许在我们“懒惰”的时候会觉得很惬意,就像两只喜鹊一样,晒晒太阳,睡睡觉,多舒服啊!可是以懒惰换来的“惬意”显然不能持久。因为,那是我们必须要做的事情。在很多时候,懒惰就像是一种奢侈的交换,筹码是今后的成功,而换来的却仅是片刻的轻松。值得吗?

当然不值得!我们已经说过,懒惰是精神的腐蚀剂,它不仅会把我们的日常生活“腐蚀”出一个缺口,而且还会使这个缺口越来越大。当有一天,懒惰完全腐蚀了我们的精神时,我们就只能沦为懒惰的奴隶,望着成功,空自嗟叹了。

很久以前,在一个偏僻的小山村里,住着一对兄弟。这对兄弟的身世非常可怜,自小父母双亡,孤苦无依。村子里的人可怜他们，经常会送一些吃的穿的东西给他们，并依照其性格，给他们分别取名为“勤劳”和“懒惰”。

日子一天天过，兄弟俩也渐渐长大成人了。

有一天，哥哥勤劳对弟弟懒惰说：“兄弟，咱俩总待在这穷山沟里不会有多大出息，不如出去闯闯吧！”弟弟懒惰一听大为开心，原来，他早就也想出去转转了。商量已定，兄弟俩分头出发了。

哥哥勤劳风尘仆仆地来到一个大城市里，刚刚安顿下来，顾不上休息，他就开始四处打听着寻找工作。因为生得身强力壮，所以他很快就在一个染布坊里当了一名学徒工。他人如其名，非常的勤劳，每天天不亮就会准时起床，先将染布坊里里外外打扫一番，烧好了茶水，然后再开始干自己学徒工的活儿。

这一干，就是两年。这两年来，染布坊老板对他暗中观察，发现他不仅朴实，更是勤劳能干，于是就将染布的技术传授给他。这一下，勤劳如获至宝，他白天在坊里干活，晚上就在自己的屋里研习老板传授给自己的技术，又用了不到一年工夫，便将这门绝技融会贯通了。但是，他却并没有对此感到满足，而是继续认真精研自己的染布技术，并在老板所授的基础上又做了改良。自此，他染出来布的质量超过了老板，受到了顾客的青睐。

勤劳并没有因此感到骄傲，依然是谦虚诚恳地对待别人，非常勤劳地工作。老板对他的人品非常欣赏，于是就把自己的独生女儿许配给他，并将染布坊交于他打理。他为人朴实，工作又很勤劳，很快就将染布坊打理得有声有色。他将生意越做越大，没过几年，便成为名噪一时的大商人。

但是，弟弟懒惰的情况就没有这么好了。他嫌哥哥去的城市不够大，没有多少发展空间，就径自去了京城。开始的时候，他和哥哥一样，去了一个当铺当学徒，但是由于身上懒惰的坏习惯，他没干多久就因为懒惰散漫而被老板辞退了。在大街上流浪了一段日子之后，他凭着机灵，又在杂货铺找了一份工作。但是这次，还是因为懒惰，他又被老板辞退了。

三番五次之后，他变得心灰意冷，更加懒惰了。他在大街上流浪，跟着小乞丐们一起乞讨，也能混口饭吃。但是，他太懒惰了，不愿意东跑西奔地讨饭。那么怎么生活呢？

有一次，他在无意在捡到了几两银子，高兴之余忽然灵机一动：为什么不试试赌博呢？兴许一次就能赢个钵满瓢盈，那以后就再也不用为吃饭发愁了。

他兴致勃勃地跑进了赌馆，开始了他的发财美梦。奇怪的是，他的运气竟然非常好，几次下来，居然连赢了几十两银子。初试告捷，从此他就一发不可收拾，开始沉迷于赌馆之中。他的运气真的很好，钱越赢越多，后来成了远近闻名的赌王。

但是，人生并不能只靠运气就可以左右。在一次赌博中，他不仅输掉了自己所有的钱财，而且还欠了许多债务。为了躲避债务，他只好又重新回到街头，过起了乞讨生活。

这或许是一个通俗得不能再通俗的故事，但从这个故事之中，我们却依然还可以体会到一种心惊胆战的感觉：懒惰真可怕！也许在这个故事之后，我们更应该明白，懒惰不仅仅是一个坏习惯，更是一种致命的陋习。如果一旦让懒惰腐蚀了精神，等待我们的，将是一种最可悲的人生。

踢走懒惰吧！其实对于我们来说，想要踢走懒惰这种坏习惯并不是很难，只要可以坚持拥抱勤奋，我们就可以。法国谚语说：懒惰等于把一个人活埋。我们只要明白这个道理，又怎么可能会被活埋呢？用勤奋打开一个气孔，我们可以！

天道酬勤，永远是一个亘古不变的真理。当工作无法改变时，我们需要改变，那么，请先做一个热身运动：踢走懒惰！

3.

释放工作的炸药包,冲动

西方有一句古老的谚语:“上帝欲毁灭一个人,必先使其疯狂。”无论多么优秀的人,在冲动的时候都难以冷静地做出抉择。而一旦失去了冷静,那么走错路,似乎也变得顺理成章了。可以说,冲动是人类情绪中的顽疾。在很多时候,我们的冲动因子,就藏在血液里面,如果一不小心被外界刺激引诱出来,将会爆发出惊天动地的力量。

只是这种巨大的力量,往往会酿成不可估量的恶果。可以说,冲动是藏在我们血液里的炸药包,是影响我们的工作的坏习惯。冲动是魔鬼!

在工作中,我们可能遇到过这种情形:一项工作,翻来覆去地做不好,我们心中一阵烦躁,把资料一扔,不做了;几个同事凑在一块儿聊天,我们路过,刚好听到其中一人在说自己的坏话,于是怒发冲冠,和其狠狠地打了一架;正在很用心地对账,同事在一边大吵大嚷,影响到我们,于是大怒,将其骂了一顿,于是两人势同水火;客户无理取闹,我们再三解释无果之后,和其吵了起来,于是谈判告吹……我们每个人的容忍都有一定的限度,这个限度的界线由我们自己而定,当外来的刺激越过这条界线的时候,我们很容易控制不住自己,做出一些理性之外的事。这就是冲动,让人怕有之,恨亦有之的冲动。

冲动是一种最具破坏力的情绪,它往往会给我们带来超出想象之外的负面影响。在很多时候,我们不会被困难击垮,也不会被灾难击垮,但却偏偏会被冲动击垮。当外界刺激越过那条我们自己划定的界线时,强大的爆发欲望会使我们难以驾驭自己的理智。于是,头脑一热,我们会在失去理智、无法思考的情形下,做出一些事情。往往这些事情,会令我们后悔莫及。说冲动是炸药包,其实一点也不错!

说到底,冲动也是一种坏习惯,也是我们在不经意间悄然养成的毛病。在生活中,在工作中,我们总是会遇到让自己生气、愤怒抑或是伤心的事情。每当遇到这些事情的时候，我们就会控制不住自己的情绪，就会冲动。如果努力，这个时候冲动可以抑制，但是我们没有，而是放任了冲动，让其驾驭了我们的情绪。一次，两次……三番五次之后，冲动就成了我们的习惯，成了我们难以舍弃的坏习惯，也成了我们致命的弱点。

在美国的阿拉斯加，有一对年轻人幸福地结合了。婚后他们恩恩爱爱，非常美满。可是，上帝毕竟不肯把十全十美的生活给任何一个人，妻子生育的时候，因为难产而死，仅留下一个漂亮的孩子。

丈夫很爱自己的妻子，所以痛不欲生。在悲痛的折磨下，他的脾气变得越来越暴躁，越来越冲动，一件小小的事情就能引发他的怒火。只有在面对孩子的时候，他的心才能稍微平静下来。他决心要把孩子培养成才，给孩子最好的生活，于是开始拼命地挣钱。可是，孩子怎么办呢？谁来照顾？现在还没有钱可以请保姆，在万般无奈之下，他训练了一只狗照顾孩子。

那只狗很聪明，很快就学会了照顾孩子。它不仅能哄孩子玩，还能用嘴咬着奶瓶喂孩子喝奶，非常神奇。丈夫很喜欢这只狗，他觉得，这狗一定是上帝派来照顾自己的孩子的。有了这只狗，他可以放心出门挣钱了。

有一天，他又出门工作去了，要到别的村子里去。没想到，他到另外一个村子不久，就纷纷扬扬下起了大雪。这场雪下得很大，根本无法摸黑往回赶，他只能住了下来，第二天再回家。不过，他并不担心，因为他知道自己的那条狗能把孩子照顾得很好。

第二天，他很早就赶回了家。狗听到开门声，立即飞扑出来迎接他。当他打开房门的那一瞬间，忽然惊呆了，因为屋里的地上、床上，到处都是鲜血。而孩子，却不见了。他看了看在自己身边的那只狗，发现狗的嘴上隐约沾有血迹。他的心一下子跌入谷底，却猛一下又热血如沸。他认定了，就是这条自己信任有加的狗，吃掉了自己的孩子。

他怒不可遏，看也不看狗在着急地围着他转，就顺手拿起一把靠在墙角的斧子,对狗劈了下来。那条狗,当场被他杀死。

正在这个时候,他听到了孩子的声音,是从床下传来的。他忙不迭地扔掉斧子,爬到床下把孩子抱了起来。他奇怪地发现,孩子的身上虽然有血,但却没有一点伤痕。那血从什么地方来的?他赶紧回过头来,看那条被自己杀死的狗,那条狗的腿上少了一大块肉,显然是被什么咬掉的。他心里一动,四下寻找,就在床下不远处,发现了一只已经死去的狼。那只狼的嘴里,还咬着一块狗肉。

他心中大恸,后悔得几乎没有站立的力气。原来,一只狼趁着夜色偷偷地摸到了家里,想要吃掉孩子。这只忠心的狗发现以后,就和狼展开了肉搏。地上、床上的斑斑血迹,正是狗和狼搏斗时洒下的血。狗很聪明,为了方便自己照顾孩子,也为了防止还有别的狼再来,就把孩子转移到了床下。

狗救了孩子,却被年轻人所误杀,这实在是一个令人心痛的悲剧。

在冲动的时候,我们往往会失去一切理智,做出一些让自己也无法相信的事情。可是,一旦清醒过来,等待我们的,又是什么呢?就像这个年轻人,他亲手杀死了那条忠心护主的狗,会不会郁结在心里,变成一辈子的愧疚?当然会!

其实,这个故事,只是截取了冲动带来恶果中的极小一面。如果无法改掉冲动这个坏毛病,我们将会做错的事情,又何止一两件?想想看,每一次的冲动,都是一个炸药包,不炸得地动天摇才怪。冲动是魔鬼,如果总是被冲动左右了自己的情绪,那么,我们将很难在社会上生存。有可能,一个冲动,将会给我们的生活带来天翻地覆的影响。

我们还可以考虑一下,在工作中,冲动为我们带来了多少不良影响。冲动影响我们和同事的友谊了吗?影响我们工作的进度了吗?或许以前有过,我们忘记了;或许现在也有,只是我们没有注意;或许以后还会有,如果,我们不改掉自己冲动的坏习惯的话。

确实应该改掉冲动的坏习惯。冲动也是一种习惯成自然,当我们习惯了发火,习惯了生气,习惯了暴躁之后,想要平心静气地处理问题,似乎变得很难。所以，我们要改变这种习惯，从点滴做起，克制自己的情绪，把冲动这个炸药包，扔出体外。

我们想要改变自己，就不能姑息冲动。改变它，不会很难！

4. 让自负走吧，你需要谦虚

在很多时候，我们需要以审视的眼光好好看看自己。看什么呢？看看我们，到底是怎样一个人？有些人会觉得自己一无是处，从而过低地估计了自己，这是自卑；有些人则会认为自己满身优点，从而过高地估计自己，这是自负。自卑使人生活在低谷之中，永无出头之日；自负使人生活在高山之巅，睥睨天下。但是，我们要弄清楚，自负之人生活的高山，并非是成功，而是其内心自我堆砌起来的一座“假山”。

在这里，我们暂且抛开自卑不谈，只谈自负。为什么说自负之人生活的“高山”是一座“假山”呢？很简单，因为自负之人总是过高地估计自己，他们在潜意识里会有一种“舍我其谁”的错觉，这种错觉会让他们的言行不由自主地膨胀起来，形成一座巨大无比的“高山”。但是事实，却并非如此。他们只是被自己所蒙蔽，觉得自己很了不起，生活在自己所构筑的一座高山上。可是成功，往往还离这座高山很远。

哈萨克族有句谚语是这样说的：蠢人将自己看成骆驼，将别人看成兔子。这句话，说得正是自负之人。将自己看得很了不起的人，往往并非了不起，他们只是被自己骗了。可是，人是一种奇怪的动物，往往会被自己所骗。我们也是如此。

在工作中，当我们完成了一件非常困难的工作时，也许心里就会被骄傲所占满，认为自己比任何人都强；当我们得到老板表扬的时候，也许心里就会被优越感所装满，觉得别人都没有自己优秀。一次，两次，等到多次之后，我们就会形成一种自负的习惯，甚至总是会以一种不屑的眼光看待周围的人和事：他们，怎么能和我比？这个时候，自负这种坏习惯已经很致命了。

我们需要分清楚的是，自负和自信不同。自信与自负虽然仅有一步之遥，但却相去甚远。自信的人，对自己的能力有一个准确的判断和把握，会不断为自己加油鼓劲；而我们知道，自负的人却是对自己的能力估计过高，总是把自己看成是“满”的状态。两者一比，我们就知道自负这个坏习惯对于我们的影响有多么致命了。但遗憾的是，在很多时候，我们总是很难分清楚自信和自负，总是在悄无声息中，被自负牢牢占据了内心。

自负会让我们狂傲，会让我们轻视一切，会让我们失去了学习的劲头，更会让我们止步不前。一个自负的人，或许会很有能力，但是却很难成功。原因无他，因为自负让他们失却了谦虚。“自知者明”，一个自负的人，又怎么能够虚心地认清自己呢？

沙漠中住着一棵小草。

这棵小草很小很弱，小得让人无法重视，在烈日的炙晒下，它卷着叶子，无精打采地耷拉着脑袋，似乎再有一阵热风，就能把它吹成粉末。

有一天，荒无人烟的沙漠中来了一个旅者，他骑着一匹骆驼，在骆驼的背上还放着一大盆娇艳欲滴的玫瑰。看得出来，他很喜欢这盆玫瑰，尽管烈日炎炎，玫瑰却没有一丝干枯的迹象，依然缤纷绽放，花香四溢。

玫瑰显然是第一次来到沙漠，它望着一望无垠的沙漠，忽然叉着腰，不顾淑女风范地哈哈大笑起来，笑得花枝乱颤：“哈哈，这么大的沙漠，全归我了，我就是这里的女王！……”不知道笑了多久，它笑累了，就开始在骆驼上四下巡视自己的领地。它就像一个真正的女王一样，高高在上地扫视着沙漠里的每一寸土地。

无意中，它发现了那棵看起来已经奄奄一息的小草，那棵小草看起来是那么的渺小。它更兴奋了，越看小草越觉得自己强大，越觉得自己高贵。它的自负极度膨胀起来，环顾四周，然后大声说道:“在这沙漠里,现在再也没有比我更高贵、更美丽的植物了,我是真正的王。”

旅者在沙漠里停了下来,他要寻找地底下的金子。于是,玫瑰和小草就成了邻居。它每天看着小草,眼神里充满了不屑,并对小草冷嘲热讽,说尽了刻薄话:“嗨,小东西,你真可怜,这么弱小。你看看我,多高贵,多美丽,多强大啊!我是玫瑰,世界上最美丽的花!”

小草不为所动,默默地低下头,积蓄着力量。时间慢慢过去了,旅者的水越来越少,他只能每天给玫瑰花浇一丁点水。缺少了水的滋润,玫瑰花越来越憔悴,越来越瘦弱,那漂亮的花朵,也开始悄然凋零。终于,它倒下了。

而那棵小草呢?旅者喝过的空水壶扔在了它的身边,靠着水壶中残存的一滴水,它奇迹般地生存了下来。而且,越长越高,越长越挺拔。

自负会带给我们什么呢?骄傲、自大、自满、目空一切,但却恰恰让我们无法认清自己。一个人,只有认清自己的能力,才能谦虚地学习,自信地做着自己力所能及的事情。所以在很多时候,悄然中形成的自负的坏习惯,会让我们在不知不觉中成为一个“无知”的人。就像那棵玫瑰一样,如果总是被自负所左右,我们将会被生活所击倒,并且一败涂地。

“人贵有自知之明”,我们必须自信,可以无畏,但却一定不能自负。“满招损,谦受益”。如果总是被自负所左右,我们就会一直停留在一个阶段,从而忘记了前进。让自负走吧!抛掉自负这个坏习惯,带着谦虚,我们将会走得更远。

在工作中,自负永远是我们的一大敌人。在很多时候,我们轻视对手,忽视工作,就是因为自负让我们蒙蔽了双眼。如果继续让这个坏习惯所左右的话,那么,我们将很难适应那些无法改变的工作。

5.

让嫉妒走吧，你需要欣赏

无需否认，嫉妒是人类的天性。可以说，虽然嫉妒的滋味儿并不好受，但每个人或多或少都曾有所体会，我们自然也无法幸免。嫉妒是一种卑下的情感，它往往会使我们失去理智，甚至造成不可估量的损失。当心怀嫉妒的时候，我们总是会不由自主地用望远镜观察一切，在望远镜中，小物体变成庞然大物，矮个子变成高山巨人，疑点变成铮铮事实。于是，我们疯狂了，为了别人的“高大”，为了别人的“优秀”，我们的心中妒火中烧。

我们还是先来理解下一下嫉妒的真正含义吧！所谓嫉妒，指的是人们为了一定的权益，对相应的幸运者或者潜在的幸运者怀有的一种冷漠、贬低、排斥、甚至是敌视的心理状态。所以在日常生活中，我们给嫉妒取了一些非常有意思的名字，例如：“红眼病”“吃醋”“吃不到葡萄说葡萄酸”等。我们可以看出，嫉妒是一种非常不良的心理状态，既害已又害人。从我们自身来讲，嫉妒使我们的眼光总盯在别人身上，别人的一点点好，就使我们眼红心跳，艳羡不已，然后产生种种负面心理和一些极端行为；从他人而言，嫉妒者的流言、恶语、陷害、阻挠以及造谣等，往往会造成极其恶劣的影响。

可以说，嫉妒是一种于人于已都没有好处的低劣心理。在生活中，在工作中，我们都应该尽量远离嫉妒才是。但是实际上，嫉妒却总是与我们如影随形，我们总是会在潜意识里不由自主地与别人做比较，当发现自已在才能、名誉、地位或者境遇方面不如别人的时候，嫉妒感就会油然而生。一开始我们只是会失望，但是失望过后，我们会感觉到羞愧、屈辱和挫败。再之后，当我们还是和别人有差距的时候，这种感觉会上升到不满、怨恨和憎恨。于是，为了超越别人，也为了发泄自己心中的不满，我们甚至会无所不用其极。

嫉妒心理是一种不健康的情感现象，更是一种非常不好的坏习惯。为什么说嫉妒也是一种习惯呢？其实嫉妒心理的产生，和懒惰、冲动、自负等心理的产生如出一辙，也是我们给了其滋生的土壤。当我们看到别人收获好处的时候，便产生了羡慕心理，这本是很正常的反应，但是在反应过了的时候，我们却又不加制止，于是嫉妒便油然而生。可以说，是我们的纵容，导致了嫉妒之火越烧越旺。

嫉妒会使亲人、朋友之间的情感破裂，友谊丧失，还会使同事间互生嫌隙，关系紧张。如果无法剔除嫉妒心理的话，人与人之间还有可能会因嫉妒产生攻击、破坏的现象。其实就算抛开人际关系，嫉妒对于我们自身来说，也是发展的极大障碍。当我们被嫉妒心理束缚的时候，将总是会想着用尽极端的方法去战胜对手，却忘记了，提升自己的实力才最为重要。在这种情况下，我们又怎么可能会变得强大起来，去战胜那些比自己强的对手？

所以，无论在任何环境中，我们可以羡慕对手，羡慕别人，但千万要记得，不要让嫉妒这种坏习惯烧坏了自己，也烧坏了别人。

老李和老高是一个单位的老同事了，两人同年，而且又是同一个档次的职称，所以平时私交不错。但是最近这段时间，两人之间的关系却有些奇怪，见到面时再也不能像从前那样无所顾忌了。原来，单位里的公告下来了，将会有一次“晋选”活动。也就是说，两人都将会有一次晋级的机会。美中不足的是，这次晋级的名额只有一人，两个人之间，只有一人可以晋级，另外一个则会与之无缘。这事儿两人都心知肚明，所以才导致气氛有些奇怪。

按理说，这本来是一件很平常的事。员工晋级，本来就是僧多粥少，肯定会有人能喝上，也肯定会有人喝不上，大家各凭本事。买彩票还有人能中奖呢，这叫命运使然，很正常。可是，偏生老李就觉得不正常了。初评结果一下来，他就坐不住了，因为自己没能喝上那碗“粥”。

他开始抱怨：凭什么！凭什么老高就能晋级，而自己却不能？论资历，自己不比他差；论能力，自己也和他不相伯仲，可是为什么偏生自己会这么倒霉？他有些不甘心！在抱怨之后，嫉妒心开始火烧火燎地烘烤着他，他知道，晋级之后，工资会有不少提升呢！仅有一级之差，他就觉得上面那个位置有着莫名的吸引力。在心里，他开始对老高怨恨起来，认为如果不是他，这个位置自己还不是手到擒来？

心里有了嫉妒，他开始吃不下饭，睡不着觉，总觉得自己必须要想个办法，绊倒老高才对。可是，用什么办法呢？他苦思冥想了两天，终于想出了一个自认为非常“高明”的办法。

他鬼使神差地写了一封告状信，交给了上面的领导。这封告状信洋洋洒洒上万字，上面罗列了不少老高的“恶行”。其实他心里也很忐忑，因为在写这封信的时候，他绞尽脑汁也想不出老高曾经犯过什么大错，只好拣些自己记忆中鸡毛蒜皮的小事写上。在他看来，只要能够绊倒老高，让自己能够晋级，只要是对老高不利的，什么小事都可以写。

只是让他没有想到的是，信送上去了，但却迟迟不见回音。正当他等得心焦难耐的时候，老高的正式晋级通知却下来了。这一下，他的希望彻底没了，一阵唏嘘，一阵无奈之后，轰然病倒，住进了医院。

从来都是好事不出门，坏事传千里，他写信状告老高的事儿和晋级不成病倒的事，像一阵风似的在单位里传开了。自然，这事也传到了老高的耳朵里。同事们都想，这回两个多年老友可是要分道扬镳了。

不过，老高并没有像大伙想的一样，大发雷霆。第二天，他就像什么事也不知道一样，提着水果去看望了老李，并对他好言安慰。这一下，老李坐不住了，他一个劲儿地跟老高道歉，直骂自己糊涂，被嫉妒冲昏了头脑。老高大度地一摆手：小事，不值一提！

一场风波，就此消弭于无形。

嫉妒真的是小事吗？当然不是！可以说，嫉妒是关乎我们工作进展、同事关系、亲友关系的大事。一旦我们被嫉妒冲昏了头脑，就极有可能做出像老李一样的愚蠢行为，甚至更为严重。可是这种做法，却又和聪明的做法相去甚远，往往会导致最坏的结果。

法国作家拉罗会弗科就曾说过：“嫉妒是万恶之源，怀有嫉妒心的人不会有丝毫同情。”嫉妒者爱自己胜于爱别人，为了达成自己“超越”他人的目的，他们所使用的方法，往往会让人匪夷所思，甚至是深恶痛绝。但说到底，嫉妒带来的影响，往往对自己更为严重。德国有一句谚语是这样说的：“好嫉妒的人会因为邻居的身体发福而越发憔悴。”嫉妒是心灵的地狱，如果不加制止，无法改变，那么我们，就只能在心灵的地狱中徘徊。

嫉妒是一种很坏的习惯。当我们习惯了嫉妒别人之后，就总是会迷失在前进的十字路口。我们会分不清，哪些是正常的超越，哪些是畸形的嫉妒。当我们把“非常”的手段使用在别人身上的时候，别人会深受其害，而我们自己，也难逃厄运。

既然是坏的习惯，我们当然可以改变。我们要学会去欣赏别人的长处，当发现别人胜过自己时，我们要学会用欣赏的心态去向别人学习。只有如此，我们才能在一种平静的心境下慢慢成长，渐渐超越。小树长成参天大树，需要一点一滴地吸收营养。带着欣赏向别人学习，才是前进的正常途径。

不要害怕曾经拥有嫉妒的坏习惯。调整好心态，从现在起，我们可以改。当工作无法改变时，当我们需要改变自己时，抛掉嫉妒，我们很平静！

6. 良好的习惯是工作的关键

我们很难靠说服去改变一个人，因为我们每个人都固守着一扇只能从内开启的改变之门，这扇门的钥匙只有一把，而且就掌握在我们的心里。如果我们想要改变，就只能依靠自己的力量，打开这扇门。

我们已经知道，习惯是后天养成的，所以对于我们来说，习惯可以改变，我们可以从内开启改变习惯的大门。改变自己的坏习惯真的很重要，富兰克林说："人类一生的工作，精巧还是粗劣，都由他每个习惯所养成。"对于我们而言，习惯已经不单单只是一种习惯，而是关乎我们工作的精劣和人生的成就。好的习惯，会带给我们精巧的工作和非凡的成就；而坏的习惯，则会带给我们粗劣的工作和满腔的遗憾。

人生很奇怪，似乎永远都是好习惯和坏习惯的混合体。我们总会有一些好的习惯，却也总会在不知不觉中沾染上一些坏的习惯。所以，无论在任何时候，我们都要学会改变自己的不良习惯，"去糟粕留精华"，只有这样，我们的坏习惯才会越来越少，而好习惯则会越来越多。当我们身上全是好习惯的时候，不用刻意努力，成功也会唾手可得。亚兰人说："习惯是我们强有力的偶像，我们都得臣服于它。"当我们的"偶像"全是好习惯的时候，我们的行为就会以"偶像"为标准。这个时候，无论做什么，我们都将无往不利。

大学毕业后，周琼参加了工作。原本她以为，凭着自己的智慧和能力，想在社会上脱颖而出并不会很难。可是，两年过后，她依然一无所成，还在一个小公司里做着一份毫不起眼的小职员工作。有一次和朋友闲聊，听到朋友非常懊丧地检讨自己的坏习惯时，她想起了自己这两年的经历，才幡然醒悟：原来不成功，在于自己身上的坏习惯太多。

她深刻检讨了自己，发誓要改掉这些坏习惯。她给自己制订了克服十个坏习惯的计划，因此取得了意想不到的良好效果。

在和别人交谈的时候，她有夸夸其谈的坏习惯，于是，她让自己选择了"沉默"。她要求自己，只有做到于人于己有利之言才谈。她坚持了下去，改掉了自己自以为是喜欢空谈的坏习惯。

她有时候会懒惰，从而忽视了学习。为了改正懒惰的坏习惯，使自己有更多的时间学习，她在自己的计划里，给自己做了精细化的规定。她规定了自己几点起床，几点吃饭，几点阅读，使生活有条不紊，不浪费一点学习的时间。她还开始试着接受别人的意见，当听到朋友说她常常会表现出骄傲的情绪时，她又把养成“谦虚”的好习惯列入自己的计划之中。

好习惯对于自己的成长有多么的重要，她如今知道得清清楚楚。因此，在“执行”自己改正坏习惯的计划时，她没有一丝的敷衍和怠慢。她每周选出一种缺点进行矫正，每晚必须做自我反省，检查自己努力改正的结果。当她发现自己的某种坏习惯没有彻底改正，还没有达到理想目标的时候，就会给自己再延长一周的矫正时间，一直到好习惯完全代替了坏习惯为止。

坏习惯不会一直存在于某个人的身上，但前提是必须要肯改正。周琼就是一个肯改正的人，而且在她的努力下，她身上的坏习惯越来越少，好习惯越来越多。又一个两年之后，她成功晋升为公司的业务部经理。

一个人，只要改变了身上的坏习惯，就能换来带给自己走向成功的好习惯。我们并不夸张，良好的习惯，是工作走向成功的关键。或者也可以这样说，要想在工作上有所建树，我们就必须具备良好的习惯。周琼为什么在前两年无法成功？或许因为她懒惰，不肯学习；或许因为她骄傲，失了谦虚。总而言之有很多个可能，但毫无疑问，是坏习惯掣了她的肘，让她无法迈着大步向前奔跑。但是当好习惯一回到身上的时候，一切都变了，成功也变得顺理成章。事实就是如此，良好的习惯才是我们成功的关键。

而我们，如果要想在工作中取得成绩，就必须牢记这一点。我们也要把自己的坏习惯好好“罗列”出来，看看如何改正。

人生是一种优胜劣汰的竞争，在追求成功的道路上，良好的习惯总是能帮助我们奔跑得更加迅速。也可以说，良好的习惯是人生成功的捷径，在很多时候，一个小小的良好习惯，就可以帮助我们顺利到达成功的彼岸。还有很多时候，一个小小的良好习惯，甚至会带给我们意想不到的惊喜。

我们都知道，世界上第一个飞上太空的宇航员是加加林。可是，当初为什么加加林会有此机会呢？有一种说法是这样的：当初几十个宇航员参观宇宙飞船的时候，大家都很兴奋，忘乎所以，只有加加林在登上宇宙飞船的时候脱掉了自己的鞋子。宇宙飞船的总设计师说：“把飞船交给如此懂得爱惜飞船的人，我才能放心。"看看，就是一个如此微不足道的好习惯，却给加加林带来了如此惊人的成就。我们难道不能说，好的习惯是工作的关键，是人生的关键吗？

齐白石是我国著名的书画家，他对好习惯的感悟很深。他有一个很好的习惯，就是非常勤奋和珍惜时间。他认为，一个画家，要想画出好的作品，必须挥毫不辍。所以，他一直用一句警句来勉励自己：不教一日闲过。他甚至还给自己提出了一个标准，就是每天要挥笔作画，而且至少要画到 5 幅。这一好的习惯他一直在坚持，即便是到了 90 岁的高龄，也不曾间断。

在他 90 岁生日的时候，家人、朋友、学生齐来给他庆祝大寿。这一天很热闹，在喜庆的气氛中，齐白石老人一直忙到很晚才把最后一批客人送走。这个时候，他才想起，自己的 5 幅画还没有画完呢，应该画完再休息。于是，他匆匆走进书房，拿起了画笔。可是，由于疲劳过度，他总是难以集中精神。在家人的一再劝阻下，他才去休息。

可是，第二天，天还没有亮，他就早早起床作画了。家人怕他身体吃不消，于是又进行劝阻。但是他却说："昨天是因为客人多，我没有完成自己的规定，但是今天却一定要补上昨天的'闲过'呀！"说完又开始认真作画。

良好的习惯是工作的关键。在很多时候，哪怕是一个小小的好习惯，也会成为我们工作中坚韧的基石。我们可以回头想想，除却齐白石老人，古今中外，又有那些伟人们的成功缺少了良好的习惯？怕是我们很难找出一个，满身是坏习惯的成功人士吧！无论在任何领域，只要是想成功，就必须与好习惯为伴，这是铁的规律。

所以，在工作中，我们必须要有良好的习惯。纵然我们现在身上还有一些坏的习惯，那也不要紧，因为可以改变。很多人都曾认为，人最难改变的是习惯，甚至一些权威专家也曾认为改变习惯是一个艰苦漫长的过程。但是现在我们看来，这种想法却是错的。很多时候，人的潜力大得甚至连我们自己也无法相信。只要我们可以坚持下来，坚持改变坏的习惯，那么改变就不是什么难事。而是，一定可以！

当工作无法改变的时候，我们需要改变自己。那么，我们发现自己身上的坏习惯了吗？我们改变这些坏习惯了吗？如果没有！那就赶紧改变！我们已经说过，运用意志，改变这些坏习惯并不是什么困难的事！坏的习惯就如同我们身上的虱子，只要肯捉，总会越来越少。当然了，坏习惯越来越少了，那么好习惯自然而然就会越来越多。当我们改变了坏的习惯，让好的习惯充满全身的时候，就会惊奇地发现：原来，想要在工作中取得好的成绩，一点也不难！

第九章

树立信心,用信心主宰命运

千里之行,始于足下。当我们在通向成功的道路上奔跑时,信心作用若何?大科学家爱因斯坦说:“自信是向成功迈出的第一步。”是的,在通向成功的道路上,自信心永远是我们需要迈出的第一步,也必须是我们要迈出的第一步,因为只有拥有了信心,我们才能经得起成功路上的任何风暴。在通向成功的路上,我们最大的敌人不是漫天的风雪,也不是刺骨的寒风,而是缺乏信心的畏缩不前。努力战胜这个自己最大的敌人吧!海伦·凯勒说:“信心是命运的主宰。”从现在起,我们可以改变自己,树立起必胜的信心!

1. 你的信心哪儿去了？

当新的一天又到来的时候，我们是否把自己定格在忙碌之中？当太阳又升起的时候，我们是否把握住了每一缕阳光？一个有自信的人，每天都可以在忙碌中感受太阳的温馨。而我们，现在是否拥有自信心？

在通向成功的路上，我们需要信心。萧伯纳曾经说过："有信心的人，可以化渺小为伟大，化平庸为神奇。"信心的力量就是这么无与伦比。当我们拥有信心的时候，坎坷将不再成为坎坷，崎岖将不再成为崎岖，我们甚至会觉得，所有的困难，都只是成功的前奏。信心已经在我们的心中吹起了胜利的号角。

在生活中，在工作中，我们有信心吗？想想看，我们是否有过如此的经历：我们曾经懊丧地自我埋怨，一件简单的工作为何没能做好；我们曾经斩钉截铁地告诉上级，那项工作自己没能力做好；我们曾经向朋友诉苦，怪自己缺少了自信，以至于没有成功；我们还曾经躺在河边，苦涩地回忆自己失败的经历……这些情况，我们有过吗？也许我们曾经有过，却已经淡忘了；也许我们暂时还没有，但是如果没有自信心，以后肯定会有。很多时候，自信心看起来如此的微不足道，但却可以使我们的人生发生天翻地覆的变化。

应该来说，我们都应该有过缺失信心的经历。我们可能会因为怀疑自己的能力而缺失信心；我们可能会因为自卑而缺失信心；我们可能会因为失败的打击让信心大打折扣；或者，在我们的性格里，天生就有一种怯懦的情绪。缺失信心是一种消极的心理表现，可以肯定地说：无论在任何时候，任何地方，如果缺失了自信，我们就不可能把事情做好。事情是木柴,而信心就是氧气,缺少了氧气,木柴再干燥也无法燃起火来。只有氧气充足,干燥的木柴才能燃成熊熊的成功火焰。

哲学家克劳蒂娅说:“自信对一个人一生的发展所起的作用,无论在智力上、体力上,或者是在处世能力上,都有着基础性的作用。一个缺乏自信的人,便缺乏在各种能力发展上的主动积极性。”盘旋在天空的鹰,如果缺少了主动积极性,还能雄霸天空吗?显然不能!所以无论在任何时候,我们都要让信心伴着我们奋勇向前。

知道了信心对于一个人有多么的重要,那么现在,我们不妨静下心来好好想一想:在工作中,自己有信心吗?如果没有,那么我们的信心到底哪里去了?

有一次,一位意志消沉的年轻人找到了拿破仑·希尔,想请求他的帮助。这位年轻人曾经自己创业,将一家小公司做得风生水起。但是在后来,却因为与合伙人合作失败而破产。失败的阴影在他的心里挥之不去,他觉得自己再也无法在亲朋好友面前抬起头来。他甚至觉得,自己再也没有了奋斗的信心。

听完年轻人的诉苦,拿破仑·希尔一言不发。他既没有提出什么建议帮助年轻人,也没有好言相劝以示安慰。他只是带着年轻人来到了一块厚厚的窗帘面前,并对他说:“我无法使你走出困境,这个世界上唯一能帮助你的人,就在这窗帘的后面。”

年轻人将信将疑,颤抖着拉开了窗帘。那一瞬间,他呆住了:在他面前,是一块巨大的镜子,而镜子中,正有一个精神萎靡的年轻人惊奇地注视着自己。那不是自己,又是谁?站在镜子面前,他仔细地打量了自己,非常认真。他看到,镜中的自己,眼睛深陷,满脸胡须,没有一丁点的朝气。

他就这么认真地打量着自己,足有5分钟之久,而拿破仑·希尔则静静地站在他的旁边,微笑地看着他。

终于,年轻人转过头来,向拿破仑·希尔鞠了一个躬,道声谢后悄然离开。

一年之后,一位容光焕发、精神抖擞、西装革履的年轻人来到了拿破仑·希尔的面前。他微笑着对拿破仑·希尔说:“先生，您还记得我吗？在一年前，我曾经来找过您，请求您的帮助。”

拿破仑·希尔也笑了：“我当然记得。我记得，曾经有一个小伙子来请求我的帮助，他其实什么也不缺，只是一不小心把自己的信心弄丢了。所以我带着他到一面镜子面前，帮他找回了自信。”

年轻人的眼睛湿润了，低声说道：“是啊。那个时候，我破产了，走到了人生的低谷。我以为，自己的人生从此完了，再也无法在亲友面前抬起头来。我甚至还以为，自己再也没有东山再起的能力，可是在那面镜子面前，我再次发现，其实我可以。我找回了自信！现在，我已经有了一份很不错的工作，而且我相信，用不了多久，我会做得比以前更加成功！”

信心是什么？信心就是藏在我们心底的一颗硕大的珍珠，虽然珍贵异常，但在很多时候，却会被我们不小心掩埋起来。当没有这颗珍珠照耀心底的时候，我们总会在悄无声息中迷失了方向。这个年轻人，不正是因为缺失了自信，因此迷失了人生的方向吗？在镜子面前，他之所以可以找回自信，一定是通过镜子中的自己，拨开了心底掩埋珍珠的沙土。在那一刻，他一定会幡然明白，原来人生中的拼搏，必须要有信心。

当然，我们也会缺失信心，也会迷失人生的方向。这并不是说，我们也需要站在镜子面前，认真地审视自己，我们只需要想办法，拨开心底那层掩埋信心的沙土，就可以了。当没有自信的时候，我们不妨多问问自己：我们的自信哪儿去了？只有找回自信，人生才会充满希望，才会无限精彩。

在工作中，我们有信心吗？我们是否还在为一项看起似乎很难的工作发愁？我们是否还在畏畏缩缩，不敢放手拼搏？我们是否还在一个劲儿地问自己，能不能胜任？我们是否还在忐忑不安地观望着不敢前进？如果是这样，那就是我们没有信心。在很多时候，我们都有能力，漂亮地完成自己的工作，只是，我们缺失了信心。那么，还是要多问问自己，信心哪里去了吧！相信只要有了信心，我们就可以无所畏惧！

2.你不相信自己，工作也不相信你

功夫巨星李小龙在其诗歌《想要飞场》中这样写道："如果你认为自己会被击败，那你必定被击败；如果你认为不敢，那你必然不敢；你想得到胜利，但你认为不可能获胜，那你一定不可能得到胜利；如果你认为你会失败，那你就已经失败了。因为在这个世界里，成功是从一个人的意志开始的，而意志全靠精神。"那么，精神又靠什么呢？精神靠的是一个人坚定的信心。只有拥有信心，才能用坚定的意志，向前奔跑。

在工作中，我们要有信心。罗曼·罗兰说："先相信自己，然后别人才会相信你。"无论做任何事情，我们都必须先要相信自己能行，然后才能一往无前地放手去做。想想看，如果在做事之前，我们就已经畏首畏尾，担心自己做不好。那么，事情又怎么可能做得好？如果做事之前缺乏自信，总是担心自己无法胜任，那么，我们就肯定会像李小龙所说的一样，"真的无法胜任"。

很简单的一个道理，我们如果想要把自己手中的工作，漂漂亮亮地完成，第一点，先要有足够的自信。我们要相信自己，以自己的能力，一定可以做好这项工作。当然了，这并不是要我们很自负地做一些超出自己能力之外的事，我们所说的自信，是在正确认清自己能力的基础上，尽力而为。事实上，人的潜能是无限的，在很多时候，即便是我们的工作已经做得相当可以了，但是我们的能力却还没有完全发挥。在很多时候，我们正是因为错误地低估了自己的能力，从而畏缩不前。

如果把我们的工作看作是一个人，那么其就是一个很固执的家伙。当我们相信自己的时候，他就会相信我们。反之，当我们不相信自己的时候，他也不会相信我们。换言之，工作难做与否，在很多时候不是取决于工作本身，而是取决于我们自己。除了我们的能力之外，信心是最重要的一点。很简单的一个道理，我们既然已经无法相信自己能够把工作做好，那么工作凭什么要来相信我们,可以胜任这项任务?

一个人外出狩猎,在高山之巅的鹰巢里,抓到了一只还无法飞翔的幼鹰。于是,他把这只幼鹰带回了家,放养在自家的鸡舍里。经过几天的惶恐不安,这只幼鹰慢慢安静下来,适应了这里的环境。它和鸡一起啄食、嬉戏和休息,一起跟在主人的屁股后面。它以为自己是一只鸡。

渐渐地,这只小鹰长大了,它的羽翼开始丰满,眼神也变得锐利起来。但是无论如何,它却飞不起来。主人很想把它训练成一只猎鹰,可是由于整日和鸡混在一起,它已经变得和鸡一样,没有飞的信心了。

主人试了各种办法,想让它飞起来,可是毫无效果。甚至有一次,他将这只鹰带到了屋顶,用力向上抛出。这只鹰扑扇了两下翅膀,惊慌失措地落下,在落地的时候,还摔了一个大跟头,眼神里充满了恐惧。

失去了信心,它空有一双有力的翅膀。

尝试各种方法无果之后,主人只好放弃了。他想,这只鹰怕是要一辈子躲在鸡舍里,和鸡一起刨食吃了。然而,不可思议的是,他用尽了各种方法,这只鹰也无法飞起来,但是当他最终放弃的时候,这只鹰去悄悄地飞走了。它能飞起来的原因其实很简单,只是因为它看到了一只和自己一样的鹰,从天空盘旋而过。

看到那只在空中高高盘旋的鹰,它有了飞的欲望,有了飞的信心。所以,它可以一飞冲天。

其实很多时候,在工作中我们已经不知不觉地扮演了那只小鹰的角色。我们拥有一双有力的翅膀,有能力展翅高飞,但是我们却不相信自己的翅膀。我们总是在问:我能飞吗?我能飞向成功吗?万一飞到半空,我的力气不够了怎么办?在职场江湖中闯荡,我们既要有能力,也要有信心。像那只小鹰一样,能力不够的时候,我们可以通过学习提升自己的能力。但是当我们能力足够的时候,却一定要记得,不要被自己“无法飞翔”

的表象所左右。我们要把自己的信心挖掘出来，盘旋着飞向高空。

还是那句话，如果我们无法相信自己的话，那么又凭什么，让工作相信我们？

春秋战国时期，一位父亲和他的儿子一同出征打仗。这位父亲，是一位久经战阵的将军，而他的儿子，则是一位初出茅庐马前小卒。儿子很羡慕父亲，很想像父亲一样，成为一位可以指挥千军万马的将军。但是，父亲却不重用他，以至于他一直是一个马前小卒。

他很不服气，屡屡向父亲表示不满，因为他觉得，以自己的能力，完全可以带兵打仗。

战鼓擂响了，又一次大战一触即发。父亲庄严地托起一个只插着一支箭的箭囊，来到了儿子身边。他对儿子说："这是咱们家的家传宝箭，上阵带着它，可以力大无穷，战无不胜。这次，你就带着它立功吧！但切记，这支箭不能抽出来。"

儿子激动地接过那个箭囊，满脸喜色。他打量着那个制作精美的箭囊，强压着心头的喜悦，向父亲郑重地点了点头。厚实的箭囊发着幽幽的冷光，那支箭露出的孔雀羽毛，平滑而齐整，他甚至想象到了，这支宝箭射向敌人主帅时的雷霆之势。

果真如他所想，在战场上，他带着这支宝箭所向披靡，英勇非凡。这一仗，杀得敌人丢盔弃甲，溃不成军。当鸣金收兵的号角吹响之时，意气风发的他再也忍耐不住，霍地抽出了这支宝箭，他想看看，这支让自己战无不胜的宝箭，到底是什么模样。他甚至还在想，如果可以用这支宝箭射杀敌军的主帅，那该有多好！

可是，当宝箭抽出来的时候，他惊呆了。他手里拿着的那支宝箭，分明只是一支断箭。他背上的冷汗飕飕而下，在那一刻，他所有的信心悄然失去：原来，自己一直背着一支断箭在打仗，那么怎么可能打胜仗？

在战争的结尾，战局发生了戏剧性的变化。这个失去了信心的儿子，惨死于乱军之中。

将军听到自己儿子惨死的噩耗，一言不发，他只是拿起儿子死前握的那支断箭呆呆地凝望片刻，叹了口气说："唉！不相信自己的人，永远也做不成将军。"

把胜利的希望寄托在一支宝箭上，多么的不可思议，又是多么的愚蠢！胜利的希望到底在什么地方？当然是在我们心中。要想胜利，我们必须要有取得胜利的信心。如果没有胜利的信心，那么兵再强，箭再锋，也会很难取胜。还是那句话，我们不相信自己，胜利又怎么会相信我们？

当一个人没有信心的时候，很多潜能将无法发挥出来。在工作中，当我们没有信心，总认为自己做不好的时候，就会有所顾忌，无法发挥自己的全部实力。这个时候，我们又怎么可能把工作做好？

在工作中给自己足够的信心吧！在很多时候，不是我们不能，而是我们没有信心！只要有了信心，铁杵也能磨成针，更何况一项原来就在我们能力之内的工作？相信自己，工作才会相信我们。

如果这时还没有信心，赶紧改变吧！

3.

改变你自卑的性格

自卑是一种性格上的缺陷，一个人若总是被自卑感所笼罩和统治，那么他的精神活动就会遭到最为严重的束缚。曾经，也许我们都有过被自卑感所统治的经历，精神被束缚，的确是一种让人无奈而又恐惧的折磨，我们的聪明才智无法发挥，我们的创造力受到压抑，甚至，我们还会在自己喜欢的事情面前，羞愧地低下头来。其实我们什么都不缺，什么都不差，只是因为有了自卑，我们才把自己的能力臆想得一文不名。

我们为什么会产生自卑的感觉呢？原因很多。或许是由于我们的家庭出身,或许是由于我们的社会地位,或许是学历高低,财富多寡,等等,我们看到了别人的优势,然后回过头来,却发现自己并没有这种优势。于是,我们开始自惭形秽,自卑感油然而生。其实说来说去,我们之所以会产生自卑感的真正原因,是因为缺少自信。没错,正是因为没有自信,所以我们只看到自己的缺点,别人的优点,而忘记了,自己可以通过努力追上别人的优点。因为没有自信,在别人熠熠生辉的"优点"面前,我们只能恐惧地退缩。

在很多时候,我们被自卑感所笼罩,不仅会眼巴巴地望着别人的优点,更会毫无根据地为自己臆造出许多弱点。我们总是会拿别人的长处和自己的短处进行比较。这一比较,高下立分,我们更会畏畏缩缩地藏在一个角落里,望着别人的那些"优点",空自唉声叹气。在这个时候,我们已经失去了冷静,不能冷静地分析自己所受的挫折,不能正确地对待自己的过失,不能认真地思考别人对自己的期望,也不能客观地理解别人对自己的评价。我们会偏执地认为,自己真的是一无是处。

这个时候,我们会完全缺失了前进的信心,心中只有一种想法:我很差劲。倘若有了这种消极的想法,那么成功的道路即便是摆在面前,我们也不敢轻易尝试。

1951年,英国人弗兰克林有了重大的发现,他从自己拍得极为清晰的DNA(脱氧核酸)的X射线照片中,发现了DNA的螺旋转向。这一发现让她惊喜若狂,兴奋不已。她当即准备发表一次演讲,向外界公布自己这一重大发现。

但是,在性格上,她却非常的自卑。她不相信自己,甚至怀疑自己论点的可靠性,她甚至想,这么重大的发现不可能让自己轻易发现。思索再三,她放弃了自己之前的假说,放弃了向外界公布这一发现。

然而,事实就是事实,两年之后,也就是1953年,科学家沃森和克里克却从照片中发现了同一现象。他们没有迟疑,怀着兴奋的心情向世人公布了自己的DNA双螺结构假说。这一假说的提出标志着生物时代的开端,引起了世界的轰动。

因为这些发现,他们双双获得了1962年度的诺贝尔医学奖。

世上原来没有假若，但如果我们做一个简单的假设，假若弗兰克林没有自卑性格的话，假若她勇敢地向世人公布了自己的发现的话，很难说，沃森和克里克还能获得诺贝尔奖。我们甚至可以肯定地说，这个诺贝尔奖的得主，将是弗兰克林。但是因为自卑，她只能遗憾地与之擦肩而过。

我们之所以会自卑，是因为缺乏自信。而缺少了自信，我们就会在无形之中给自己施加了一道枷锁，这道枷锁会让我们失去行动和思考的能力。即便是可以艰难前行，我们也会走得如履薄冰。斯宾诺莎说：由于痛苦而将自己看得太低就是自卑。我们自卑了，没有自信了，其实真正痛苦的还是我们自己，受害最深的也是我们自己。想想看，当周围的人意气风发地向前奔跑的时候，我们只能冷清地蜷起自己的身子，是一种多大的痛苦啊！

只有彻底改变自卑的性格，让自信的光芒照耀着我们，我们才能敞开心怀，快乐地迎接每一天的挑战。

十几年前，有一个小伙子考进了北京的大学。这个小伙子从北方的一个偏远的小城而来，那座贫瘠的小城，仅仅只有20多万人口，和偌大的北京城相比，只能是小丘之于高山。所以在潜意识里，他一直以为自己是一个从乡下而来的土包子。

走下火车，第一次站在这座熙熙攘攘的大都市面前，他震撼了。虽然早就有心理准备，但现实的北京城和想象中的北京城还是相去甚远，和他生活了十几年的小城更是天差地远。北京城的光鲜亮丽，别具一格使他自惭形秽。他像是曹雪芹笔下的刘姥姥，初次走进了大观园，看不完的美景，赏不完的富贵，使他眼花缭乱，处处惊奇。但是，强烈的自卑感也在他心底油然而生。

在教室里，大家相互认识。女同桌的第一句话就问他："你从哪里来？"一句简简单单的问话，却狠狠地刺痛了他那本就自卑的心。从哪里来？难道要告诉别人，自己出生于一个贫瘠的地方，没有到过大城市，没有见过世面吗？他有害怕，害怕自己的出身会引来同学们的哄堂大笑。

他胆怯了，因为自卑。整整一个学期，他都不敢和同班的女同学说话，他用强烈的自卑，把自己完全封闭起来。他成了一个沉默寡言的人，很少和人交往，绝少和人说话，就连每次集体照相，他也会戴上一个大墨镜，以掩饰自己内心深处的自卑。当第一学期结束的时候，居然很多人都不认识他。对于他来说，这实在是一个可叹的笑话。

不知道是哪一天，他忽然在周围同学的眼睛里看到了满满的真诚和善意。在那一刻，他才猛然醒悟：原来，没有人会看不起自己。一直以来，看不起自己的只有一个人，那就是自己。是自己，用自卑锁住了原本应该快乐自信的自己，是自己，把自己关进了一座暗无天日的黑屋子里。其实走出来看看，一切都很好。

也就是在那一刻，他放下了自卑，又找回了自己从前的自信，获得了新生。

从此以后，他再也没有自卑过。即便是大学毕业以后，当着全国几亿的观众，他也能充满自信地侃侃而谈。没有了自卑感的笼罩，他的人生充满了阳光。他就是白岩松，一个自信而坚强的节目主持人。

如果我们想要漂亮地完成自己的工作，如果我们想要在人生的道路走得多姿且又多彩，就必须要改变自卑的性格。我们要明白的是，之所以会产生自卑感，不是因为我们的能力不行，而是心态不行。当看到别人粲然生辉时，我们自己先胆怯了，那种消极的心态告诉我们：不行！可是我们真的不行吗？白岩松真的不行吗？他当然能行，当他自信地在电视节目中侃侃而谈的时候，就已经证明了一切。他行，我们也行！但前提是，我们不能被自卑感所束缚。一旦被自卑感所束缚，即便是强悍如白岩松，也很难在工作中取得成功。

所以，无论如何，我们要改变自己自卑的性格。我们需要让自己变得自信起来，即便是工作无法改变时，我们也有信心去战胜困难，取得成功。

4. 把信心从心底挖出

总有很多时候,我们会迷茫,我们会惊讶地发现,帮助我们战胜困难的信心不见了,取而代之的是茫然无措的恐惧。失去了信心,我们也就失去了斗志,稍微遇到一点困难,我们的征程就会冰消云散。没有了信心的支撑,我们的前路注定是一片黑暗。那么,我们的信心到底哪儿去了?我们要怎样才能找回自己的信心?

其实我们的信心并未远去,只是因为心理作用,信心被我们埋到了心底深处。在自卑、害怕、恐惧等心理的掩盖下,信心蜷缩在我们心底的一角,被冰封了起来。失却了信心的带领,我们往往会被那些负面因素所左右。还是那句话,如果想要战胜困难,我们就必须先要战胜自己,就必须要将信心从心底挖出来。

其实在很多时候,我们总是会小看了信心对于我们的影响。很多人把信心当成了“零食”,认为有信心纵然不错,但是没有信心也不会有什么损害,大不了不做这件事,仅此而已。是这样吗?当然不是!我们对一项工作没有信心,认为自己没有能力做好,当然可以放弃不做。这是逃避,可是我们总不能永远逃避,永远放弃那些自认为没有能力做好的工作吧!如果是这样,那么今天放弃一项工作,明天放弃一项任务,到了最后,我们将完全无法胜任自己的工作。所以,如果想要把工作做好,我们就应该用信心积极地面对一切困难。我们必须要相信自己有能力做好这项工作,才能真正将工作完成得漂亮。当然了,这并非是要求我们“明知不可为而为之”。还是那句老话,我们的信心,必须是建立在能力的基础之上。当能力允许的时候,信心就是我们前进的动力。

所以,无论在任何时候,信心都不是我们的“零食”,而是我们人生途中必不可少的精神食粮。少了信心,我们将寸步难行。信心对于我们来说,确实很重要。培根说:“深窥自己的内心,而后发觉一切的奇迹在你自己。”毋庸置疑，当我们深窥自己内心的时候，是在寻找自信，而只有挖出自己心底的自信，我们才能创造自己的奇迹。

斯坦尼夫斯基是俄国著名的戏剧家。有一次，他主持排演话剧，正在关键的时候，女主角突然因故不能演出了。由于事情来得太突然，根本无法临时再找演员，在万般无奈的情况下，他只好让自己的大姐担任这个角色。

斯坦尼夫斯基的大姐并非演员，只是在剧团里做服装道具管理的工作。现在，她突然被弟弟安排做主角，心里的忐忑可想而知。虽然之前看过不少人演话剧，可是真的轮到自己时，她却没有一丁点的信心。她甚至想象得到，当这场话剧演砸的时候，周围的同事会怎么样嘲笑自己。

因为没有自信，她演得很差，这引起了斯坦尼夫斯基的烦躁和不满。当她再一次演得很差的时候，他停止了排练，大声说道：“这场戏很重要，是全剧的关键。如果女主角仍然演得这样差劲儿的话，那么整场戏就不能再往下排练了。”这几句话说完，全场寂静，大家都把目光对准了她。斯坦尼夫斯基已经说得很明白了，这场排练是否可以继续下去，全看自己大姐的表现。

对于她来说，这无疑是个很大的压力。她站在原地沉默了很久，忽然抬起头来，说道：“可以排练了！”让人称奇的是，这一次，她一扫之前的羞怯和拘谨，表演得非常自信，非常真实。自然，这次排练达到了理想的效果。斯坦尼夫斯基高兴地说：“我们又拥有了一位新的表演艺术家。”

是什么力量使斯坦尼夫斯基的姐姐一改常态，非常漂亮地完成了排练呢？毫无疑问，是自信的力量。在刚开始的时候，由于从来没有做过表演，她患得患失，害怕表演失败，内心自卑，种种原因加起来，使其不能随心所欲地表演。所以，她表演屡屡失败。斯坦尼夫斯基的话虽然刺激了她，但是使她真正走出困境的，还是自信。她挖出了自己心底的自信，用自信驾驭了表演，所以她以超出自己水平的完美表演赢得了大家的认可。

在很多时候，当我们挖出自己心底的自信时，就会突然变得强大起来,甚至强大到连自己也不敢相信。我们甚至会问:这是自己吗?这当然是自己!当我们拥了自信的时候,力量会变得空前强大起来,大得超出了我们的想象。不要觉得奇怪,那也是我们的真实力量,是我们的潜能彻底被自信开发了出来。

德国精神专家林德曼曾经亲身做过一个非常有名的实验。

1900年7月,他独自驾着一叶小舟驶进了波涛汹涌的大西洋。他预备付出自己生命的代价,进行一项历史上从未有过的心理学实验。他想求证的东西很简单,那就是他认为,一个人只要对自己抱有信心,就能保持精神和肌体的健康。

当时的德国,已经掀起了一股独舟横渡大西洋的冒险热潮。那实在是一项悲壮的冒险行为,因为已经有100多名勇士相继独舟横渡大西洋,但却无一生还。人们甚至以为,独舟横渡大西洋,根本就是一项无法完成的任务。

但林德曼却不这样想。他推断,那些人之所以无法顺利横渡大西洋,最先败下阵来的不是肉体,而是精神。一个人漂泊在茫茫大海上,心理上要承受的孤独与绝望可想而知。所以他认为,那些人是死于精神崩溃、恐慌与绝望,而非饥饿和淡水。为了证明自己的这一推断,他不顾亲友的劝阻,亲自进行了实验。

在航行中,林德曼遇到了很多难以想象的困难,甚至多次濒临死亡。最严重的时候,他眼前甚至出现了幻觉,就连运动感觉也处于麻痹状态。那种处于死亡边缘的感觉,的确也让他感到了绝望。

但是,这个念头刚一浮现在他的脑海,他的心底就会出现另外一个声音,大声地斥责自己:懦弱!你想重蹈覆辙,葬身此地吗?不!我一定能成功!一定可以!强烈的自信支撑着他,让他燃烧旺盛的斗志。

终于,他胜利渡过了大西洋。

是不是很不可思议?能不能横渡万里汪洋,起主导作用的,居然仅仅是一个人的信心。林德曼之前那100多名勇士,身体素质也许不见得比林德曼差，或者更强，但是因为没有信心，他们却都死在了绝望和恐惧之中。可以想象的是，如果他们都能像林德曼一样，一直让自己充满必胜的信心，那么结果肯定大不一样。我们不敢说全部，但至少，会有一部分人可以安然渡过大西洋。

缺失了信心的人生，正如那些在大西洋上漂泊，茫然无措的勇士，等待我们的，只能是可悲亦复可叹的命运。所以，当有一天我们发觉自己失去了信心的时候，不妨静下来，郑重地从心底挖出自己的信心。只有信心，才能帮助我们驾驭人生。

5. 让一切困难臣服在信心脚下

生活中似乎处处都是困难。著名女科学家居里夫人曾说："我们的生活似乎都不容易，但那有什么关系？我们应当有恒心，尤其要有自信心。"她的意思非常明确，面对生活中无处不在的困难，我们应该学会微笑着对待，让自己充满信心。

我们每个人都有一片属于自己的土地，在这片土地上，我们就是自己的国王。当充满信心的时候，我们就是自己的国王，可以让一切困难臣服于信心的脚下。

1915 年，美孚石油公司投资了 300 万美元，一口气在我国西部打下了 7 口井。以中国之地大物博，他们想大发一笔石油财。然而让他们大失所望的是，7 口井，却无一出现石油。于是他们乘兴而来，偃旗而归，美国斯坦福大学的布莱克·威尔甚至断言："中国绝不可能出产大量的石油。"

很多国人接受了这一事实，甚至想当然地认为，中国以后的石油之路,只有从国外购买了。在那个时代,很多人把美国人的话当成了权威。但是,有人却不相信,年轻的李四光就是其中之一。凭着自己对地质学的研究,他认为中国肯定有石油。他说:“美孚的失败并不能证明中国无油可采。”他相信自己的判断,相信中国的地下肯定蕴含着大量的石油。

在这种强烈自信心的支配下,他开始了30年的找油生涯。他跋山涉水,翻山越岭,走过了很多地方,足迹遍布中国。其间受了多少苦,遭了多少难,连他自己也无法记清。但他却从来没有想到过退缩,因为他有着强烈的信心,中国有石油!

他边研究边寻找,提出了地质沉降理论,最终在东北平原发现了石油。他用自己无与伦比的信心,为中国的地质、石油勘探和建设事业做出了巨大贡献。

古往今来,没有任何一个人可以一步登天。无论是谁,倘若想要取得事业上的成功,就必定先要遭受困难的折磨。有些人在困难的折磨中退缩了,所以他们的生活只能是与失败为伴;有些人冲过了困难,他们让一切困难都臣服在信心的脚下,赢得了成功。可以想象,在李四光的奋斗之路上,会有多少艰难困苦?肯定是数不胜数,但是他却依然可以笑着走过这些困难,只是因为信心之火在胸中熊熊燃烧。

爱迪生曾被老师看作是无法可教的差学生,对其冷嘲热讽。但是,就是这么一个差学生,却总是在一次又一次进行着自己天马行空的实验,屡败屡战。最终呢,他还是从试验中发现了钨丝。是什么让他可以一次又一次坦然面对汹涌而来的困难?是自信。很难说,倘若没有自信,我们还能否知道爱迪生这个人。但很显然,倘若没有自信,他无法战胜各种困难,也无法取得各种胜利。“人人都有惊人的潜力,要相信自己的力量、智慧和年轻”。我们的潜力,确实要靠自信来发掘。

他很优秀。不仅人长得精神,而且多才多艺。上大学的时候,他学习成绩出类拔萃,诗词歌赋样样精通,更是学生会主席,管理能力一流。在所有师生眼里,他的前途将会一片光明。

可是,再晴朗的天空也总有被乌云遮住的时候。大学毕业学校分配工作，他留在省城教书的名额却被一个有权有势有背景的人给抢走了。而他本人，却只被分配到了一个偏远的小县城去教书。

去还是不去？他心里一阵挣扎。他很骄傲，也很自信，一直都以为自己是最棒的。可是现在如果不去那个小县城教书，就意味着自己必须重新找工作。咬咬牙，他决定留在省城。他想要混出个样子，给那些人瞧瞧，让那些人看到，即便不在省城教书，自己依然可以出人头地。他相信，自己有手有脚，能吃苦有能力，白手起家也不在话下。

那些日子真的是苦，身上的钱花完了，他不好意思再向家人伸手要钱，只能向朋友借点，省吃俭用地过。他顶着炎炎烈日四处找工作，奔波了半个月后，终于在一家小广告公司找到了一份业务员的工作。

他一直相信自己能适应任何环境，这份业务员的工作上手不到两个月，他就已经可以得心应手，游刃有余。很快，他就掘到了人生的第一桶金。但是，他的目标却不这里，他想要出人头地，当然不会满足于仅仅拿一份较高的薪水。他要自己创业。

两年之后，他已经有了一份可观的积蓄。于是，他走出了这家公司，自己也开了一家小广告公司。他的精明能干再加上广泛的人脉，使得他在这一行里很快脱颖而出，成为了佼佼者。他的公司日渐壮大，而他自己，则成功跻身于千万富翁的行列。

是信心，让他赢来了人生的第一次大的成功。

这时候，他已经娶妻生子，妻子漂亮能干，儿子聪明可爱，一家三口其乐融融，让人羡慕。看着自己才刚三十出头，就取得了如此骄人的成就，他不禁有些得意忘形起来，野心也急剧膨胀。他想要在事业上更进一步，想要让自己成为亿万富翁，成为父母的骄傲，家乡人的骄傲。他还想，让当初抢自己名额的那个人后悔莫及。

但是，中国有句老话是这么说的，欲速则不达。他太急于求成，以至于忘了应该循序渐进。他开始涉猎别的行业，并做了一项一生中最错误的投资。结果是，投资失败了，而他自己也赔光了所有的积蓄，包括自己的广告公司。

似乎在一夜之中，他从千万富翁又变成了一个一文不名的穷小子。妻子认为他不可能东山再起，不想跟着他受苦，于是和他离了婚，带着年幼的儿子远走他乡。山重水复，10年的时光，他好像只是原地兜了个圈子，做了一个美丽的梦，醒来一切如旧。

唯一变的是，10年前刚创业的时候，他信心十足，而现在，却没有一点信心。他觉得，自己将再也不会有翻身的机会。

卖掉了房子和车，他偿还了自己所欠的债务，付清了员工们的工资。此时，他手中剩余的钱，仅够买一张回乡下老家的火车票。捏着那薄薄的几张钞票，他忽然觉得重如千钧，泪水不自禁地又流了下来。自己的一生，真的就这么完了吗？

没有人给他答案，带着颓废的心情，他回到了阔别已久的家乡。他在家里整整消沉了一个多月，什么也不去想，什么也不去做，每天只是躺在床上，让时光慢慢吞噬自己残存的信心。每当再次想起自己的创业经历时，他都会认为，那只是老天的眷顾。

那天下了大雨，瓢泼的大雨伴随着呼呼的大风，肆虐着院子中的一切。在窗子外面，有一棵父亲刚刚栽下的小树。那棵小树真是弱小啊，被狂风一吹，几乎直不腰来；被大雨一砸，更是一阵战栗。他想：这棵小树完了。念头刚一闪过，又一阵大风卷来，小树从中折断。看着那棵折断了的小树，他轻轻叹息。

第二天，雨过天晴。他从床上睁开眼睛，下意识地又向窗外看去。他看到了什么？那棵小树，居然又精神抖擞地站了起来，迎着阳光，吞吐着自信的新绿。树身上折断了的地方，已经被两根木棍结实地夹了起来。是父亲，给它做了一次小小的“手术”。虽然“大病”初愈，可是那棵快乐的小树，却正在随风起舞，哪有一点颓废的影子？甚至它的每一片叶子，都闪烁着自信的光芒。

他忽地一下从床上坐了起来，因为他想到了，自己和那棵小树何其相似。为什么那棵小树可以自信地面对困难，而自己不行？为什么自己以前可以挣到千万家产，而现在无法从头来过？自己其实什么都不缺，相较于10年前，无论是从能力还是经验来讲，都有了极大的提升。那么，现在，自己依然可以重新来过。

在那一刻，他所有的信心，都在悄然回归。

他很快又回到了省城，开始了和10年前一样的人生历程。他从一个小公司的销售做起，慢慢开始积攒自己的力量。他很自信，相信自己一定可以把这份工作做到最好。在强大的信心面前，所有的困难都开始悄然臣服。仅仅用了一年时间，他的销售业绩就变成了全公司之最。

后面的路似乎很简单了。他用自己积攒的钱，又创办了一家贸易公司。和10年前一样，他兢兢业业，吃苦耐劳，很快就把公司业务做得红红火火。唯一不同的是，这一次，他没有冒进。他当然不会就此止步，他的野心依然很大，他依然有信心，使自己跻身于亿万富翁的行列。他知道，在信心面前，所有的困难都会臣服。

在很多时候，我们之所以会失败，并不是因为我们没有能力，而是我们被困难束缚住了手脚。我们也很想好好成就一番事业，可是那些如狼似虎的困难，却又让我们止步不前。这个时候，只有信心，可以战胜一切困难。

所以，无论在任何时候，我们都要学会用信心把困难踩在脚下。没有困难是无法战胜的，能不能成功，只在于我们有没有信心。当我们遇到那些无法改变的工作时，当我们遇到那些似乎无法战胜的困难时，拿出自己的信心吧！在强大的信心面前，困难永远只能做我们的奴隶。

6．有自信，才能拥抱成功

在如今竞争激烈的职场中，自信是职场成功的重要保障。我们可以毫不夸张地说,只有拥有自信,才能拥抱成功。

想想看,在面对每个机遇和展示自己的机会时,我们抓住了吗?在展开每项工作的时候,我们是不是精神抖擞?在每个月制订业绩计划的时候,我们是不是敢对自己说,一定要做到最好?同事解决不了的问题,我们是否敢认真地说,自己可以做好?这些都需要自信。我们的自信,是以能力为基础,但又高于能力。在很多时候,如果拥有了自信,我们完全可以超常发挥,释放出自己的潜能。平平常常的工作谁都可以做,但只有自信,才能让我们取得更大的果实,那就是成功。

销售工作对于小赵来说,完全是一个陌生的行业。他之前从事文案工作,由于父亲生病住院急需用钱,他又听说销售做好了挣钱也快。于是,在朋友的怂恿下,他辞去了原来的工作,转而做销售。

半路出家,谈何容易,他好不容易找到了一份销售工作,就认认真真地做了下来。可是,大半年过去了,他的业绩非但毫无起色,反而在几个重大项目上接连失败。他周围的同事,都取得了不菲的业绩,唯独自己如此不济呢?

他给自己找了原因:不适合干销售。

家里的压力,工作的压力,让他身心俱疲。这天,在经理的办公室里,他向其提出了辞职。他给经理的理由是,自己的性格不适合做销售。事实上,他自己也是这么想的。

经理没有批准他的辞职,他没有反对他的辞职,只是意味深长地看了他一眼,不置可否地说:"这是真正的理由吗?我现在给你3分钟时间,让你好好想想,从一开始做销售,你是否真正想过自己会成功?"

他愣住了。因为他想起,在这半年来,自己虽然一直在想着怎样才能挣到更多的钱,但在潜意识里,却一直不相信自己会成功。有一次和朋友吃饭,他和朋友开玩笑:如果连我都可以把销售做成功,那这一行也实在太容易了。朋友问他为什么,他回答说:"我没有经验,没有能力,缺少和客户沟通的技巧,怎么成功?"

怎么能成功？他想起来了，其实自始至终，自己根本没有一点自信。虽然自己做事也算认真，也很渴望能够挣钱，但是在内心深处，却总是认为自己是门外汉，不太容易把这份工作做好。

经理似乎看透了他的心思，笑着对他说："其实我一早就注意到你了。你为人很踏实，又有上进心，有很大的发展潜力。但是有一点，你对自己没有信心。销售工作和文案工作不同，需要员工有很强的自信心。如果你连自己也无法相信，又怎么能够让客户相信你？你好好想想吧！如果想明白了，还是决定要辞职的话，我不反对。"

经理的话，醍醐灌顶般唤醒了他：是啊！自己一直没有自信。一个没有自信的人，又凭什么让客户相信自己？自己并不比别的同事少些什么，为什么要没有自信？

从经理办公室出来，他已经没有要辞职的意思了。他要找回自己的自信。

过了一年，这个年轻人又走进了经理办公室。只是这次，他是以销售主管的身份去向经理汇报工作。在过去的一年里，他连续6个月在全公司销售排行榜中高居榜首，成了当之无愧的销售精英。因为业绩突出，他被经理提拔为销售部门的主管。

为什么短短一年的时间，小赵的变化会如此之大？很简单，是因为他找回了自己的自信。也许，小赵就是我们很多人的影子，当我们对自己的能力质疑，当我们无法坚定的时候，就不可能全力奔跑。没有了自信，我们就会像小赵一样，让顾虑战胜了成功的欲望。我们想全力冲刺，心底有一个声音说：这么拼命干什么？再跑你也跑不过别人，你没有经验。我们想把工作做到最好，心底又有一个声音说：不需要这样，你也就只能做成这样。于是，对于工作，我们不仅跑不快，而且做不好。这就像我们在冬天烤火时，不小心打翻了水杯，浇灭了火头，失去了燃烧的欲望，又怎么可以发热？

在工作中，千万不要让自己失去了信心。

我们在职场上拼搏，就犹如在水中追波逐浪。有信心的人，即便是一个人漂泊到大西洋，也会信心十足地说：这算什么！我肯定能游回去！于是,他就真的游了回去。没有信心的人,就算是不小心落到了池塘里,也会恐慌害怕,会想:天哪,这池塘深不深呢?如果深的话,我就没命了!这么远的距离,我肯定游不过去。于是,他真的游不过去。

在工作中,我们总会遇到许多难以攻克的困难。其实什么叫"难以攻克"的困难呢?只要不是让我们发射火箭,制造导弹,就没有什么是难以攻克的困难。退一万步讲,就算不会,我们还可以说,只要是工作中出现的问题,我们都可以将其拿下。既然如此,那为什么要对自己没有自信呢?我们要相信自己,一定可以。只有相信自己,才能拥抱成功。

当我们遇到那些无法改变的工作时,是不是也该改变一下自己呢?我们要放下自卑,抛弃畏惧,树立信心。如果我们现在信心不够,那么赶快让自己的信心强大起来。没有人不想在自己的工作中取得瞩目的成就,我们也是。而信心,正是关键中的关键。

在人生中,信心甚至可以主宰我们的命运。

第十章

“工”不可以改，“作”可以改

在很多时候，我们都会对工作心怀不满，认为当下的工作环境无法适应自己的发展。为了更好地“发展”，我们选择了不断跳槽，从一家公司跳到了另一家公司，从一个行业转到了另外一个行业。但是跳来跳去，我们却失望地发现，工作的改变并没有带来如期的发展，我们仍然被牢牢禁足在一个让职场人心惊肉跳的漩涡里，无法前进一步。于是我们开始质疑：自己真的注定是职场的失败者吗？当然不是！其实从一开始我们就错了，我们本末倒置，只是试图改变工作环境，却恰恰忽略了最需要改变的，是我们自己。

1. 别妄想把山巅的松树在平原植活

每一个人，都有其生活的环境；每一个员工，也都有其工作的环境。环境是什么？环境是我们生长的土壤，只有在适合自己生长的土壤里，我们才能尽情汲取营养，长得枝繁叶茂。想想看，我们是否做过这样的蠢事：我们有没有过，为了使自己生长得更为茂盛，于是放弃了扎根的土壤，转而向别的地方进军？我们有没有使本来生活在山巅的自己，突然扎根于平原？我们有过，一定有过！

也许我们曾经因为工作压力过大，想换个轻松点的工作透透气；也许我们曾经因为感觉公司发展空间过小，想换个大点的公司展翅高飞；也许我们曾经对公司环境不满，想寻个让自己满意些的平台；也许，什么也不为，只是因为倦了，我们想找些新鲜的感觉。于是，我们开始四处游走，频频跳槽。我们想换个工作环境，寻找一片真正"适合"自己的土地。所以我们有过这样的举动，什么也不管，什么也不顾，只为了换工作而找工作，只想赶紧跳了槽，让自己"生长"得枝繁叶茂。

可是，我们却忘记了，我们是职场中一棵生长在山巅的松树，贸然把自己从山巅移到了平原，又从平原移到了山谷，我们还能"活"多久？等待着我们的，将会是什么样的结果？可想而知！我们都应该明白这样一个常识，生长在山巅的松树会很难在平原存活，不为别的，只是因为生长的环境。当我们在一个企业扎下了根的时候，事实上我们成为了这个企业的一部分。就像松树生长在山巅，松树和山，已经融为一体，不分彼此。山借助松树的力量，焕发生机；而松树则在山体上汲取营养。这就是我们和企业的关系，只有从企业里汲取营养，我们才能枝繁叶茂。

所以我们说，最好不要随意改变自己的工作，一旦无法适应新的环境，无法从企业中汲取营养，等待我们的，只有死路一条。

也许有人会说了：难道一份工作真的非常不适合我，也不能换吗？这种情况当然有，而且还非常普遍，我们在职场中打拼，早已见惯了跳槽改变工作。世事无绝对，当一份工作经过我们再三考察，发觉真的不适合我们时，当然可以跳槽改变工作。但是，在大多时候，我们是否认真考虑过了？到底是工作真的不适合自己，还是自己无法适合工作的节奏？到底是工作太过艰难，还是自己能力不足？很明显有一个答案，在大多数时候，不是工作不适合我们，而是我们不适合工作。由于自身的种种原因，我们无法和工作契合，高速发展。

如果我们只想着把山巅的松树在平原植活，但却从来不考虑改变松树自身的话，那只能是一个天大的笑话。同样，如果我们每天只是想着换一份“更好”的工作，找一份“更适合”自己发展的工作，但却从来不考虑改变自己，让自己变得强大，变得更能适应工作的话，那也无异于痴人说梦。只有我们改变了自己，让自己变得强大起来，才能适应不断发展的工作需要，才能在职场江湖中无往而不利。

小莫是某超市的管理员，他干活勤快，又能吃苦耐劳，很讨经理欢心。在超市里工作了半年，经理就升他做了物价管理员。这个工作要比原来的工作轻松多了，而且还能多挣几百块钱，他非常满意。

因为工作的关系，他认识了不少其他超市的管理人员。一天，他和女朋友一起逛街的时候，遇到了另外一个超市的王经理。一阵寒暄之后，王经理说：“小莫，不错呀！听说你物价管理的工作做得相当出色！”

小莫笑了笑，谦逊了几句。

王经理话锋一转：“小莫，你工作做得这么出色，你们公司给你开多少钱一个月？”

小莫一愣，虽然不明白王经理问自己工资是什么意思，还是据实回答：“一个月3000块钱！”

“这么少？”王经理似乎一愣，“这也太少了吧！我们公司的物价管理员，最少3500块钱一个月，像你能力这么强，能开到4000块钱！要不，你来我们公司吧！我给你4000块钱一个月。”

小莫心动了，一个月差了1000块钱呢！如果一个月能多挣1000块钱，自己和女友手头就会宽裕一些。他给王经理的答复是，自己需要考虑考虑。

第二天，上班的时候，小莫找到了经理，并向经理提出了加薪的要求。经理没有答应，而且笑着对他说：“小莫，着什么急呀！你的工作表现我在看着呢！过些日子，等你的工作能力再强一些，我自然会给你涨工资的！”

经理的一番好意，听在小莫的耳朵里却很别扭，他心里暗想：这分明是嫌我能力不够嘛！你不是伯乐，不能慧眼识珠，难道别人也不能？人家王经理那么看得起我，只要一过去，我肯定比在这里发展得更好，又何况委曲求全地躲在这里，拿这么一点工资？

于是，他向经理提出了辞职，跳槽到了王经理那家公司。

到了那家超市里，王经理是给他开了4000块钱的月薪。可是，工作了半个月之后，他才发现，这家超市和自己原来工作的那家相去甚远。超市管理很混乱，在他的上面，有两个经理的亲戚在死死地压着，想要升职根本就不可能。而且在这里工作，什么也学不到，自身的能力一点也无法提高。

一个月之后，王经理以“工作失当”的理由将其辞退。这个时候，王经理已经通过他，将原来那家超市的商品定价情况摸得一清二楚。原来王经理费尽心机地将其揽到麾下，只是为了这些定价，而并不是看中了他的“能力”。

王经理甚至私下对人说：“他的能力不行，可笑的是他居然自己不知道。当然了，对于一个今天可以背叛自己公司的人，我怎么也得防着点吧！说不定明天，他就会背叛我！这种人，我怎么能用？”

小莫追悔莫及。

虽然说职场如战场,虽然说那位王经理人品低下,但是我们在同情小莫的同时,不妨想一想:小莫错得严重吗?当然严重!且不说他的人品也有问题,单单从他没有认清自己,妄想改变工作这点来看,他就已经犯了一个职场上最为严重的错误。当然,他想要薪水高一些,发展空间大一些,这种想法无可厚非,职场中人,本来就是人人如此。可是,他的想法却太过于简单,以为只要换个工作环境就可以了,自然就会有赏识自己的"伯乐",但他却从来没有考虑过,自己有没有适应新工作的能力?自己的能力够吗?

我们必须要学会从自身找原因。那些以为换个工作环境,就可以使自己发展得更好的想法愚不可及,我们必须要将这种想法从自己的思想中根除。聪明的人在工作中遇到难题,发展遇到瓶颈的时候,就会对自己说:工作无法改变,我需要改变自己。是啊!当我们通过改变,使自己变得强大起来的时候,还有什么工作是自己无法适应的呢?

不要妄想把山巅的松树在平原植活。我们一定要记得:我们是长在山巅的一棵松对,即便山巅的环境再恶劣,我们也可以通过改变自己,使自己能够傲然应对。只要使自己变得强大起来,工作中的风霜雨雪,又算得了什么?

2. 与其徘徊眺望,不如改变自己

生活中,我们或许听到过这样的抱怨:"我工作起来是如此的努力,几乎每天都要加班,为公司付出了很多。可是,为什么,我还是无法得到老板赏识,无法在事业上有所成就呢?"或者,他们还会说:"看看周围那些朋友,我发现自己真是不值!如果当初和他们一样,选择了另外一个行业,说不定我现在混得比他们更出色。"这种想法,很多人都有过。当现实中的工作并不合乎自己心意的时候,我们总会冒出这种稀奇古怪的想法。甚至在很多时候,我们一直在狠狠地盯着别人,羡慕有之,嫉妒有之,感叹亦有之。我们会可笑地站在人生的十字路口,空自徘徊眺望:何时我们才能像他们一样事业有成?

看着别人在公司中或者某一行业里做得风生水起,我们再也无法安静下来。我们的内心深处会产生一种强烈的不平衡感,因为我们的辛勤,并没有换来想象中的成功。于是,在那些五光十色的事业成功的诱惑下,我们一边眺望,一边徘徊,想尽办法要改变自己的工作环境。我们以为,只有如此,自己才能在事业上取得让人羡慕的成就。

错了,这种想法当然错了。在职场竞争如此激烈的今天,我们一定要明白,在很多时候工作是无法改变的。我们要生存,要强大,就得学会在一个无法改变的工作环境中静心忍性,磨炼自己的意志,修炼自己的体魄。不要总是去眺望别人的优越,那没有一点用处。与其眺望虚幻的海市蜃楼,不如切切实实地改变自己,提升自身的实力。当有一天,我们变得完全适合快节奏发展的工作环境时,成功自然就会到来。

换一种角度来思考工作,我们的职场生活,将会是另外一番风景。

在非洲大草原上,猎豹和羚羊是一对生死冤家。每当太阳升起来的时候,总会有许多饥饿的动物开始寻找食物,而猎豹也开始了一天的狩猎工作。

小猎豹瞪着好奇的眼睛,看着自己的那些前辈们大展"豹"风,以箭一般的速度冲向羚羊群,羡慕得无以言喻。它对妈妈说:"妈妈,你可不可以教我怎样才能跑得像它们那样快呀!我昨天忙了一整天,连一只羚羊也没有捉住。如果可以跟前辈们学习,我是不是能够跑得更快?"

妈妈语重心长地对小猎豹说:"孩子,咱们猎豹奔跑的技巧我已经全部传授给你了,你完全可以和那些前辈跑得一样快。不要总在这里看着别人奔跑,如果你想跑得更快一些,就得想办法改变自己,发挥出自己的全部潜能。只有拥有一副强悍的身体,你才能像风一样奔跑。"

小猎豹心下凛然,又开始了自己的训练。

可以说,无论在任何领域,无论想做什么,改变自己是第一要务。在职场中,就算我们得到了一个机会,就算我们找到了一份很有发展前景的工作,可是我们自身的能力不够,能做得好吗?能抓住这些机会吗?当然不能!所以,当我们像小猎豹一样,空自羡慕别人,徘徊在自己人生的十字路口时,不妨先静下心来,切切实实地改变自己。想想看,如果无法改变自己,就算天上掉下来了一个馅饼,我们也虚弱得无法抓起,这会是多么可悲啊!

工作的时候,我们没有得到"应有"的报酬;努力了,工作"太难"我们无法做好;不能升职,我们认为公司发展空间"太小";甚至失去工作了,我们会认为是社会工作岗位分配得不均衡。我们似乎总能找到理由,找到自己在工作中无法出人头地的理由。当有了这些理由的时候,我们就可以冠冕堂皇地眺望:看,如果我拥有那样一份工作,该有多好。就连我们的徘徊也变得理所当然:不是我总是跳槽,是我的运气太差,总找不到适合自己发展的工作。原因到底何在?现在我们已然明了。

是我们,无法适应工作发展的需要。

有一位姑娘,在一家小公司上班,她的父亲是一位厨师。由于在公司中压力过大,她经常向父亲抱怨,说世事艰难,不知如何应付生活。还说看着别人的工作一片灿烂,而自己的工作则是一片灰暗,所以有些厌倦人生。

父亲静静地听完了女儿的抱怨,把她带到了厨房。他拿出了三口锅,分别放到了旺火之上,然后在每一口锅里都倒进去一些水。

很快,三口锅里的水都开了。他在第一口锅里放入了一个鸡蛋,在第二口锅里放入了一根胡萝卜,而在第三口锅里,则放入了一些碾成粉状的咖啡豆。女儿很好奇,她不明白父亲在做什么,但也隐约想到,父亲是在给自己上课。

10分钟后,父亲把火都关了。他拿着漏勺,把鸡蛋和胡萝卜依次捞了出来,放进了碗里,然后又把第三个锅里的咖啡倒进了杯子里。

做完这些后,父亲才开口对女儿说话:"孩子,告诉我,你看到了什么?”

她回答说:“鸡蛋、胡萝卜、咖啡。”

“那么,你走近些,仔细观察一下,这三样东西都有什么变化。”父亲说。

她走近了一些,摸摸胡萝卜,发现胡萝卜变软了。在父亲的示意下,她打开了鸡蛋,这枚鸡蛋当然已经煮熟了。最后,她闻了闻咖啡,咖啡很香。她端起杯子,喝了一口浓香的咖啡,然后笑着问父亲:“这说明了什么呢?”

父亲认真地说:“鸡蛋、胡萝卜和咖啡都面临着同样的困境,它们遇到沸水。虽然它们无法改变自己被扔进沸水的命运,但它们却各有对策。鸡蛋在沸水中改变了自己的内在,适应了滚烫的沸水;胡萝卜在沸水改变了自己的身体,也适应了滚烫的沸水;咖啡粉末呢,它做得最出色,不仅适应了沸水,还与沸水自成一体,变成了香浓可口的咖啡。它们的改变,使得自己得以在困境中顺利发展。这不是很神奇吗?”

在很多时候,我们总会遇到像沸水一样的困境,难道我们一定要强硬下去,改变沸水,让其变得不再滚烫吗?这显然不行。我们没有那么大的力量,可以改变工作环境,但是,我们却可以改变自己。无论是穷人还是富人,无论有没有过人的才干,我们都可以支配自己、改变自己。当然,这需要我们愿意改变。就算我们目前工作的环境是一大锅沸水,如果可以改变自己,那么谁又能说,我们无法在这沸水中出人头地?

当然可以!

收起我们的徘徊眺望吧!别人的工作做得再漂亮,那也只是他们努力的结果,别的行业再诱人,也需要用能力来支撑。当我们走在人生的十字路口上,看着职场中那些朵朵盛放的鲜花时,先别忙着让自己飞身而入。我们需要先考虑一下,自己改变了吗?如果我们没有改变自己,没有提升自己能力的话,又凭什么去适应那些看似简单,看似前景无限的工作?

与其徘徊眺望,倒不如静下心来,好好改变自己。能够适应任何工作的环境,才是我们在职场中生存的关键。我们需要改变自己,使自己变得强大起来。

3. 内调内心,外改行动

在生命中,我们总是要面临改变。不管愿不愿意,改变总是会来的,尤其是处身于职场中的我们,如果想要适应那些无法改变的工作,就只有改变自己。

我们一直在说改变,也一直想要改变自己,可是为什么改变总会这么难?我们想要端正心态,可是却总是无法让自己积极起来;我们想要改变思维,可是却不由自主地还是回到了老路上;我们想要强化自己的意志,可是在困难面前还是畏畏缩缩;我们想要坚持学习,可是总是三天打鱼,两天晒网……我们是怎么了?改变自己真的这么难吗?无法改变自己,我们又怎么去适应那些无法改变的工作?

改变自己,并不是一句简单的口号,我们必须要切切实实地身体力行。当然了,我们想要端正心态,有端正心态的方法;我们想要改变思维,有改变思维的方法。总而言之,只要我们坚定要改变自己的内心,总会找到改变自己的方法。而我们改变自己的方法就是:内调内心,外改行动。没错,就是要让自己的言行统一起来。

我们想要改变自己,不能只是说说而已,内心是我们行动的中枢,所以改变自己要先从调节内心开始。我们要知道,自己为什么需要改变?改变的原因自然是想要适应那些无法改变的工作,想要在工作中取得更大的成就,所以我们迫切地需要改变,我们在内心深处迫切地需要改变。

心之所向,行之所为,只有自己的内心改变,自己的行动才会真正的改变。那么,怎么样调节自己的内心呢?简单地说,要“留其精华,去其糟粕”。我们要想方设法地改变自己内心里怯懦、胆怯、自卑、守旧等消极因素,而以勇敢、坚强、自信、创新等积极思想所代替。当然了,这需要我们好好把握自己的内心,把自己内心深处隐藏的消极因素找出来,然后慢慢地调节,慢慢地改变。只要坚持,一定可以把自己的内心变得强大起来。

内心是我们的灵魂,我们在调节自己内心的同时,也要改变自己的行动。古人说:“临渊羡鱼,不如退而结网。”当看到别人的工作取得一些成就的时候,我们也开始检讨自己,并且信誓旦旦地对自己说:一定要改变。可是只想着要改变,不去行动,可以吗?当然不可以!我们说要改变内心,不把情绪带到工作中去,可是遇上点事,我们还是无精打采地工作;我们说要改变内心,让勤奋成为自己工作的主旋律,可是真正工作的时候,却总是想着偷懒,不认真做事。如果是这样,那么改变了内心,又有什么用?

我们需要改变自己,真真正正地改变自己,由内至外地改变自己。我们不仅需要改变自己的内心,让内心变得强大起来,而且还要改变自己的行动,让行动配合自己的内心。只有如此,我们才能实实在在地改变自己,使自己变得强大起来,脱胎换骨。

有一个年轻人在父亲工作的葡萄酒厂里做帮工。因为他年龄小,所以工头就安排其管理工厂里的葡萄酒桶。他每天的工作是,先用抹布将一个个酒桶擦拭干净,然后将其整齐地排列在院子里。

虽然这个活儿并不重,但是他却干得异常痛苦。原因是,他辛辛苦苦弄好的酒桶,往往会在一夜之间被大风吹得东倒西歪。他很生气,亲自找到工头,要求工头把院子的围墙加高,这样的话,风就不会把酒桶吹得到处都是了。

听完他的诉苦,工头笑了:“小家伙,我可没有能力把围墙加高,那是老板的事。而且,就算我和老板说了,他也不会加高围墙的,那会是一项毫无意义的投资。明白了吗?”

他虽然不太明白工头的话,但也知道,想让围墙加高是不可能的了。那么怎么办呢?怎么才能不让风再吹倒酒桶呢?父亲看出了他的苦恼,安慰他说:“孩子,没关系,你可以自己想办法去征服风啊!你一点也不比任何人弱。”

父亲的话使他眼前一亮:对了,自己可以征服风啊!他开始苦思冥想,终于想到了一个好办法。他用小桶从院子里的水池里提来清水,将每一个自己擦拭过的酒桶里倒入一些清水。他想,这样,风就不容易把酒桶吹倒了。

第二天一大早,他就匆匆爬了起来,冲到了院子里。他看到了什么?那些酒桶,依然排列得整整齐齐,就有一个被风吹倒或者吹歪。他兴奋地对父亲说:“我战胜了风!要想酒桶不被风吹倒,就要加重酒桶的重量。”

在职场中,我们也总是会遇到这样的事,我们改变不了大的环境,但却可以改变自己,用自己的力量,去战胜一切不可能。年轻人正是这样,他不仅调节了自己的内心,更改变了自己的行动。他让自己从情绪中解放出来,带着一股冲劲,找到了解决问题的方法。然后,他用自己的智慧,以及行动,将自己的工作完成得漂漂亮亮。

还是那句话,改变自己,不只是一句简简单单的空话。我们不要总是嚷着:我要改变自己,我要在工作中有所成就。调节内心和付出行动,是改变自己的两大要素,缺一不可。我们只有拥有了强大的内心,再配合以积极的行动,才能将自己的潜力发挥得淋漓尽致,成为工作中的强者。

内调内心,外改行动,是我们改变自己最基本的要求。

4.别把无法改变的工作当成落后的理由

有人说命运上天早已注定,无论如何挣扎都没用;有人说命运如同溪上的落叶,只能随波逐流,无法掌控。说这些话的人,总喜欢以“命运”来总结自己的人生:活得出色是上天注定,活得悲惨是命运使然,人力无法更改。事实上，这类人很难活得出色，因为无论活得多么失败，他们也总能够为自己找到失败的理由。

职场中也不乏这样的人。我们是吗？

当工作落后于别人的时候，我们有没有为自己找理由？如果找了，我们的理由又是什么？是上天注定，还是命运使然？也许我们曾经这样想过，但转念一想，把工作落后和命运拉在一起太过无稽，那就找个小一点的理由吧！工作落后的原因，只是因为我们在从事着一份无法改变的工作。

工作环境太差，以至于我们总是无法静心工作；发展空间狭小，以至于我们总是心灰意懒；领导难以相处，总是无法慧眼识珠，发现自己的长处；同事不好沟通，总是无法在工作中帮助我们……我们给所有这些现象做了一个总结：个人力量太小，我们无法改变这些，所以只好在这些"恶劣"环境的夹缝中苟且偷安。能"生存"已经很不容易了，还怎么敢妄想前进，妄想发展，妄想事业有成？我们还会想：如果没有这些让人无可奈何的工作环境，自己不会比任何人做得差，肯定能把工作完成得漂漂亮亮。所有的这些，都是我们为自己找的理由，原来，我们工作落后，真的是"情有可原"。

真的是这样吗？

有位哲人曾经说过：假如我们想要更多的玫瑰花，就必须种植更多的玫瑰树。那好，现在问题出来了，倘若我们也种下了玫瑰树，但玫瑰却长得稀稀落落，更别提开花了，我们付出了劳动，却没有得到玫瑰花，该去怪谁？可想而知，如果我们总是找借口，认为玫瑰树长得不好，是因为土地贫瘠，或者是这里的气候不好。那么，我们将永远无法收获玫瑰花。正确的做法是，要从自身寻找原因。想想看，就算是土地贫瘠，如果我们让自己变得勤快一些，可以施肥来改善；就算气候恶劣，我们改变思维方式，让玫瑰生长在温室里。只要我们肯做，肯想方设法地努力，去适应那些无法改变的环境，就一切皆有可能。

所以，当我们在工作中落后的时候，千万不要把那些无法改变的工作当成理由。如果那样做的话，只是在找借口。只要我们可以改变自己，使之向好的方向发展，那么做好手中的工作，其实并不困难。

我们需要的是改变，而不是借口。

他是从四川山区出来的穷孩子,刚刚初中毕业就外出打工,没有一技之长。

1997年,他应聘到一家房地产代理公司做发单员。这份工作并不好做,他每个月只有300块钱的底薪,而且不包吃住,只有发出去的单做成生意,才有那么一点的提成。为了生活,他开始努力。

上班的第一天,老板的一句话让他印象深刻。老板说:"不找借口找方法,胜任才是硬道理。"他把这句话牢牢记在心里,暗暗下定了决心,要干出一番事业。他像一艘刚刚起航的小船,动力十足。

年轻人都爱睡懒觉,他也不例外,但是他知道,要想更好地胜任这份工作,就必须改掉这个习惯。他买了闹钟,以保证自己在每天早晨六点钟可以准时出门。有时候,任务量大,他就疯狂地加班干活,可以一直到晚上十二点,还站在路边发宣传单。

但是,在很多时候,付出了努力,却不一定马上就可以得到回报。在连续拼命了3个月后,他发出的单子超过了所有的同事,也得到了最多的反馈信息,但却没有做成一单生意。在沮丧之余,他忽然想起了老板那句话:不找借口找方法,胜任才是硬道理。做不好,原因在哪儿?是不是自己没有找对方法?他忽然如醍醐灌顶,豁然开朗:要改变自己,要找到工作的方法。

他总结出了自己工作落后的原因,悄然将其改正。让他惊喜的是,慢慢地,自己的业务真的多了起来。因为工作突出,他被公司从发单员提拔为业务员。不经意的改变,使得他的发展空间骤然上升。

在那个时候,他所在公司销售的楼盘是位于北京市西三环的高档写字楼,每平方的售价达到了2000美元。这样的高档写字楼,想要销售出去并不容易,但是一旦卖出去一套,提成也颇丰。他心中高兴,以为凭借自己现在的能力,做出业绩不会很难。那么这也意味着,自己的收入将会增加不少。

他又开始努力工作。但是两个月过去了,他连一套房子都没有卖出去。他傻眼了,卖房子怎么会这么难。正在这个时候,终于有个客户来找他了，他转忧为喜，兴奋地和客户谈了起来。但是，在谈的过程中，他除了简单地介绍楼盘情况之外，再也不知道讲什么才好。楼盘的情况介绍完了，他只能陪客户干坐着，憋得满脸通红，手心冒汗，也不知道要怎样才能打破僵局。结果自然可想而知，客户失望地走了，他的这笔生意告吹。

"不找借口找方法，胜任才是硬道理"。他再次用老板的话鼓励自己。这次他很明白，要想抓住客户的心，必须要改变自己，让不善言谈变成口齿伶俐。为了可以尽快地改变自己，他甚至跑到了大街上和行人主动说话，介绍楼盘。仅仅用了两个多月，他的说话能力就提高了很多。和客户沟通，最重要的就是说话技巧，当他的语言能力有了很大的提高之后，情况可想而知。

很快，他就卖出了两套房子，就这么一单生意，让他赚到了一万块钱。他很激动，更加坚定了一个信念：只要肯改变自己，让自己变得更加强大起来，就一定可以胜任这份工作。但这仅仅只是个开始，在公司里，他虽然有了业绩，但还是排在最后。他的业绩仍然是最差的。

怎么办？他不为自己找任何借口，告诉自己，还得改变，变得更强！

1998 年下半年，公司组建了五个销售组，采取末位淘汰制。而他，正好处在淘汰边缘。他知道，关乎生死存亡的时刻来了，如果无法让自己变得更强，胜任这份工作，自己就只能"死"在拼搏的路上。他一改往日自己摸索的做法，向经验丰富的老业务员学习。当那些老业务员跟客户交流时，他就坐在旁边认真地听，看别人如何介绍楼盘，如何拉近和客户的距离。当工作闲暇之时，他就买来有关营销方面的书，认真学习，提升自己的技能，学会如何抓住客户的心理。

这样的努力很快就取得了成效，他像是吃了灵丹妙药，开始脱胎换骨，变化之大，让同事都为之瞠目。能力增强了，业绩自然而然也就有了飞速的提高，他的业绩慢慢从公司最差变为公司最好。北京另外一家公司发现了这棵优秀的苗子，许诺给两倍于现在的待遇请他过去，他断然拒绝。他知道，自己还要学习的东西有很多,如果能力提高了,在这个公司里照样可以一展拳脚。他没有选择以改变工作来求得自己更高的发展,而是静静地待了下来,改变着自己,让自己变得更加强大。

他很快在所有同事中脱颖而出,业绩非凡。后来,他的一个赛季的销售额居然达到了6000万,名列公司第一。按照公司的规定,销售业绩进入前5名的人,可以竞选销售副总监。他去试了,结果居然成功,成为了公司的销售副总监。不过,销售副总监的位子却并不好坐,在又一个赛季之后,他就又从销售副总监的宝座上滑了下来。原因是,在这个赛季中,他所带领的销售组排在了最后一名。

这是一件让人难堪的事。很多人从高层跌落为普通员工,就会觉得再也没有脸面在公司里待下去,会选择离开。可是他却不这样想,他认为销售组业绩差还是因为自己的能力不足,必须还得改变,变得更强。从哪里跌倒,就从哪里爬起来,是他做人做事的宗旨。他决心要继续提高自己的能力,冲上前去。

当他又一次从普通业务员做到销售总监的时候,他改变了自己从前的思维,开始着手培养自己的手下,并把自己的销售经验毫无保留地传授给了他们。他知道,只有大家都强了,自己这个队伍才能强大。也只有队伍强大了,自己才能取得更高的成就。

他当然成功了。他所带领的团队的业绩一直名列前茅。而他的收入,每年则会达到100万以上。他叫胡闻俊,他的老板叫潘石屹。

人们为什么喜欢为自己找借口?大体来说,原因无非有两点:第一,告诉别人;第二,安慰自己。我们为自己工作落后找借口,也是因为如此。工作上落后于别人了,我们需要想办法告诉周围的人,落后不是由于自己的无能,而是因为工作环境不行;我们还需要安慰自己,这不关自己的事,还是因为工作环境。于是,当工作落后于他人的时候,我们总会以那些无法改变的工作为借口,什么都可以去想,但却偏偏漏了自己。

我们能适应工作的需要吗?

好好想一想，原因原来真的在自己身上。由于我们自身能力或者心态的局限性，所以导致我们总是很难适应工作发展的需求，于是我们落后了。归根结底，我们落后，原因只在我们自身，与工作无关。知道了这些，那么我们应该怎么办？很简单，应该像胡闻俊一样，不断去改变自己，不断去提升自己，让自己变得强大起来。只有我们自己强大起来，才能适应工作的需求。

如果不想让工作落后于别人，我们迫切需要改变自己。

5. 你会因为自己的改变而强大

当工作无法改变的时候，我们需要改变自己。

《大学》中说："自天子以至于庶人，壹是皆以修身为本。"其实修身就是改变自己。在很多时候，我们希望改变一切，希望改变工作中的一切不如意。于是我们会开始千方百计地寻找，开始不知疲倦地跳槽。甚至在梦里，我们也会看到自己站在事业成功的山巅，放声大笑。

但是很遗憾，我们却一直无法达到自己的理想。甚至在很多次不知疲倦地冲杀搏击之后，我们还在职场江湖里苦苦寻觅。在事业上，我们要怎么才能成功？营销学大师陈安之说："成功的起始点乃自我分析，成功的秘诀则是自我反省。"反省什么呢？反省我们身上，还有什么地方需要改变，需要契合我们的工作。当然，找出了自己需要改变的地方，我们就要改变。只有通过改变，我们才能使自己变得越来越强大。

圣雄甘地说："在这个世界上，你必须成为你希望看到的改变。"当我们的眼睛不再盯着别人，而是回归自己的内心世界，将自己的内心世界打扫得干干净净时；当我们的认认真真，让自己的行动跟着自己的内心，做出大的改变的时候，我们会惊喜地发现，自己变得强大起来。

巴雷尼小时候因病成了残疾。看着周围的孩子无忧无虑地绕着父母撒娇,快快乐乐地上学,他的眼泪不争气地流了下来。他的脾气开始变得暴躁,经常会无缘无故地生气。他想:我的一生还有什么意思,肯定就这么完了。

母亲理解他的心情,知道这个时候,他最需要的是亲人的鼓励和帮助,而不是眼泪。她来到巴雷尼的病床前,拉着他的手说:“孩子,妈妈相信你是个有志气的人。在很多时候,人总是要被迫去面对各种恶劣的环境,但只要勇敢,你就可以让自己变得强大起来。妈妈相信,你能用自己的双腿,在人生的道路上勇敢地走下去。孩子,你能答应妈妈吗?”

听了妈妈的话,巴雷尼烦躁的心渐渐平静了下来,他抱住妈妈,大声哭了出来。有一种信念在他心里悄然升起:改变自己,不再让自己被懦弱控制,要让自己强大起来。

从此以后,他一改自己之前颓废的状态,开始勤奋地锻炼起身体。他经常会跟着妈妈练习走路,累得满头大汗也不愿意休息。在妈妈的帮助下,他给自己制订了锻炼计划,每天坚持完成。无论身体多么不适,他也不曾放松。

体育锻炼使他和身体慢慢变得强壮起,这弥补了残疾给他带来的不便。在妈妈的影响下,他深刻地明白了一个道理:要想使自己变得强大起来,就必须要改变自己现在状态。他经受住了命运带来的严酷打击。为了不使自己落后于其他孩子,他开始了刻苦的学习。虽然说命运无常,但在无常的命运面前,他一直都从容应对。

他没有让自己出局,一直努力在改变着自己。从身体到内心,他都让自己变得无比强悍起来。他一直都相信,自己会因为改变而变得强大,而自己的人生,更会因为强大而变得精彩。

谁说不是呢?当他最终登上了诺贝尔生理学和医学奖的领奖台时,就已经向世人证明了一切。

在很多时候,我们常常会遇到无法改变的事情,我们改变不了厄运的到来,改变不了工作的不如意,但是,我们却可以改变自己。我们可以改变自身的重量和心灵的重量,让自己稳稳当当地站在这个世界上。这样一来,无论有再大的狂风,也无法将我们吹倒和打翻。学会改变自己,给自己加重,让自己变得强大起来,是我们应对无法改变的事情的最好方法。

改变自己真的很重要。无论是在工作中,还是在生活中,我们千万不要做这样一类人:总是在抱怨,总是在后悔,总是在羡慕别人,可是却从来不肯脚踏实地地改变自己。如果以这种做法处事,我们的人生会一塌糊涂。

英国维斯特敏斯特大教堂地下室的碑林举世闻名,因为这里有很多名人和政要的墓碑。其中不仅有牛顿、狄更斯等世界名人的墓碑,还有从亨利三世到乔治二世等20多位英国前国王的墓碑,可谓热闹非凡。因为此,有很多人来到这里瞻仰名人们的安息之地。

但奇怪的是,受到人们瞻仰最多的,不是那些名气很大,做工精美的墓碑,而是一块外形朴素,质地粗糙的墓碑。甚至,这块墓碑连主人的名字也随着时光悄然流逝了。那么到底是为了什么,能让这么一块普通的墓碑名扬天下?

只是因为上面一段神奇的文字:

当我年轻的时候,我的想象力从没有受到过限制,我梦想改变这个世界。

当我成熟以后,我发现我不能改变这个世界,我将目光缩短了些,决定只改变我的国家。

当我进入暮年后,我发现我不能改变我的国家,我的最后愿望仅仅是改变一下我的家庭。

当我躺在床上,行将就木时,我突然意识到:如果一开始我仅仅去改变我自己,然后作为一个榜样,我可能改变我的家庭;在家人的帮助和鼓励下,我可能为国家做一些事情。

然后谁知道呢?我甚至可能改变这个世界。

当有一天,我们在失败的旋涡里苦苦挣扎,后悔不已的时候,已经晚了。所以,我们需要从现在起,认认真真、切切实实地改变自己。还是那句话,只有通过改变自己,我们才能变得强大起来,才能适应不断发展、不断变化的人生的需要。

很多人常常会在希望中绝望,在绝望中放弃,在放弃中失去了自我,失去了对自己的信心。于是,他们的人生枯萎了花朵,很难再有绽放的时候。为什么不改变自己呢,我们改变不了大的环境,可以改变自己。当面对困境的时候,当我们能力不足的时候,为什么要让自己的内心左右摇摆?我们完全可以通过改变自己,使自己从绝望的困境中走出。因为通过改变,我们会强大,会有走出困境的力量。

当工作无法改变时,我们需要改变自己。当工作无法改变时,我们必须改变自己。只有通过改变自己,我们才会使自己变得强大起来。

强大,可以战胜一切困境。

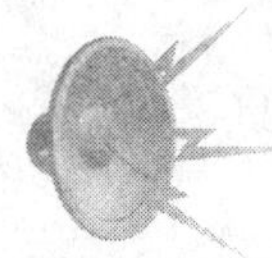

职场小幽默

1. 小丽刚刚大学毕业，在地图绘制中心找了份临时工作，本来做得好好的，但是昨天却突然被解雇了。好友小华不解地问："好好的，怎么就被解雇了呢？"

小丽委屈地说："领导说我长得太漂亮了。"

小华大惊："你领导是不是脑子进水了？解雇人就解雇人吧，还弄出这么个荒唐的理由！长得漂亮的人不好好工作吗？"

小丽低声说："不是领导脑子进水，因为我长得漂亮，绘图员们干起活来就分心，导致他们绘出的很多地图都不成比例。"

小华当场晕倒。

2. 某公司开会，两个女员工不管领导在台上讲话，自顾自地说着悄悄话，笑声不断。

领导瞪了她们一眼，两人马上不吱声了。但不一会儿，又开始说了起来。领导忍无可忍，问她们俩："你们两个说说，为什么开会的时候不能喧哗？"

其中一个回答："因为有人在睡觉。"

3. 厂子里，老张为人自私，爱占小便宜，是个公认的"老财迷"。每次厂里有人拾到东西，只要没人认领，他就会一口咬定："那是我的。"

这天早上，老张来到车间，听见一群小年轻在那儿叽叽喳喳地议论："也不知道是谁丢的？"

"这东西丢了损失可大了。"

"买一个新的恐怕得好几百块钱呢！"

老张一听这话，顿时来劲儿了，一溜小跑着赶过来，边跑边喊道："都别动！都别动！那东西是我昨天丢的，那是我的！"

瞅着老张到跟前了，大伙儿马上一窝蜂散开。

老张低头一瞧，地上躺着的原来是车间车床上的一个重要零部件……